Tawsif Ahmed Siddique
Mohammed Tanjidul Islam

Técnica de produção de compósitos de matriz metálica de SiCp à base de alumínio

Tawsif Ahmed Siddique
Mohammed Tanjidul Islam

Técnica de produção de compósitos de matriz metálica de SiCp à base de alumínio

Imprint

Any brand names and product names mentioned in this book are subject to trademark, brand or patent protection and are trademarks or registered trademarks of their respective holders. The use of brand names, product names, common names, trade names, product descriptions etc. even without a particular marking in this work is in no way to be construed to mean that such names may be regarded as unrestricted in respect of trademark and brand protection legislation and could thus be used by anyone.

Cover image: www.ingimage.com

This book is a translation from the original published under ISBN 978-620-2-07581-7.

Publisher:
Sciencia Scripts
is a trademark of
Dodo Books Indian Ocean Ltd. and OmniScriptum S.R.L publishing group

120 High Road, East Finchley, London, N2 9ED, United Kingdom
Str. Armeneasca 28/1, office 1, Chisinau MD-2012, Republic of Moldova, Europe
Printed at: see last page
ISBN: 978-620-7-92010-5

Índice

Acima de tudo, gostaríamos de agradecer a Alá pelo facto de o nosso trabalho ter sido concluído com êxito e sem qualquer problema. A nossa dívida para com a Universidade de Engenharia e Tecnologia do Bangladesh é profunda, por ter proporcionado uma atmosfera condutora e desafiadora na busca da excelência académica. Os autores reconhecem sinceramente e expressam o seu profundo sentido de gratidão ao Professor Dr. Muhammad Nasrul Haque, Departamento de Engenharia de Materiais e Metalúrgica, BUET, Dhaka, pelo seu apoio contínuo na realização desta tese. Ele estendeu a sua mão amiga, fornecendo encorajamento constante, inspirações, sugestões e facilidades, juntamente com as críticas construtivas sob a forma de sugestões valiosas. Por tudo isto, os autores expressam-lhe a sua dívida e gratidão para com a conclusão desta tese.

Estamos também gratos a todos os assistentes de laboratório, incluindo Mohammed Wasim Uddin do Laboratório de Fundição, Mohammed Shamsul Alam (Liton) e Harun-Ur-Rashid do Laboratório de Ensaios de Materiais, Mohammed Ashiqur Rahman do Laboratório de Análise de Materiais, Yousuf Khan do Laboratório de MEV e, por último, mas não menos importante, Mohammed Ahmad-Ullah do Laboratório de Metalografia, pela sua ajuda durante o nosso trabalho de investigação.

Agradecemos também a todos os membros da nossa família pelo seu apoio cordial durante o trabalho.

1.1 Geral

As propriedades mecânicas que podem ser obtidas com os compósitos de matriz metálica (MMC), em combinação com o seu custo relativamente baixo, tornaram-nos atractivos para numerosas aplicações em vários domínios, incluindo as indústrias aeroespacial, automóvel e desportiva [1, 2]. Mais especificamente, os MMCs particulados (PMMCs) têm demonstrado oferecer melhorias na força, resistência ao desgaste, eficiência estrutural, fiabilidade e controlo das propriedades físicas, como a densidade e o coeficiente de expansão térmica, proporcionando assim um melhor desempenho de engenharia em comparação com a matriz não reforçada [1-7]. Os PMMCs são atractivos não só pelas suas propriedades mecânicas acima mencionadas, mas também devido à disponibilidade de reforços a baixo custo. Além disso, os problemas associados aos MMCs continuamente reforçados, tais como danos nas fibras, não uniformidade microestrutural, contacto fibra-fibra e reacções interfaciais extensas podem ser evitados [5]. Os PMMCs oferecem propriedades isotrópicas com um aumento da resistência e da rigidez em comparação com materiais não reforçados. No entanto, a ductilidade inferior à óptima dos MMCs e o seu comportamento à fratura são questões que têm de ser resolvidas.

1.2 Principais desafios encontrados

Um dos maiores desafios no processamento de MMCs é conseguir uma distribuição homogénea do reforço na matriz, uma vez que tem um forte impacto nas propriedades e na qualidade do material [8]. Para obter uma propriedade mecânica/física específica, o ideal é que o MMC seja constituído por partículas finas distribuídas uniformemente numa matriz dúctil e com interfaces limpas entre a partícula e a matriz. No entanto, os métodos de processamento actuais produzem frequentemente partículas aglomeradas na matriz dúctil e, como resultado, apresentam uma ductilidade extremamente baixa [9, 10]. A aglomeração conduz a uma resposta não homogénea e a propriedades mecânicas macroscópicas inferiores.

Os aglomerados de partículas actuam como locais de nucleação de fissuras ou decoesão em tensões inferiores à tensão de cedência da matriz, provocando a falha do MMC a níveis de tensão baixos imprevisíveis [11, 12]. As possíveis razões que resultam na formação de aglomerados de partículas são a ligação química, a redução da energia superficial ou a segregação de partículas [13].

As MMC são geralmente processadas através de processos de metal líquido, como a fundição por agitação e a infiltração. A via da metalurgia do pó também é utilizada para aplicações específicas. No entanto, a via de infiltração é o método mais comummente utilizado pela indústria e representa o maior volume na produção primária [7]. Um dos problemas associados à via de infiltração é a elevada fração volumétrica do reforço, que exige processos adicionais para diluir o conteúdo para os níveis necessários. Os tempos de processamento prolongados e o aumento das etapas de processamento a temperaturas elevadas favorecem as reacções químicas entre a matriz e a partícula, que frequentemente resultam em fases secundárias frágeis [14].

Geralmente, para fabricar MMCs de alta qualidade com propriedades mecânicas desejáveis, factores importantes como a fraca molhabilidade e reacções químicas entre a matriz e o reforço e a introdução de porosidade durante a incorporação das partículas requerem uma atenção considerável [8, 15]. Vários investigadores tentaram otimizar os parâmetros do processo de modo a obter uma distribuição uniforme do reforço [16-18], enquanto outros investigaram a molhabilidade das partículas de reforço pela liga da matriz [19] e a distribuição do reforço como afetada pela interação entre as condições de solidificação e as partículas [20,21]. O tamanho das partículas também desempenha um papel significativo na distribuição final das partículas. A natureza aglomerativa das partículas ultrafinas, devido à sua elevada energia de coesão, leva a um aumento da área de superfície total e aumenta a sua tendência para se aglomerarem, formando aglomerados e clusters [22, 23], induzindo uma natureza frágil indesejável nas MMCs.

1.3 Objetivo do projeto

O objetivo deste estudo é ultrapassar os problemas que existem atualmente no processamento de PMMCs e produzir compósitos avançados de Al/SiC com microestruturas de alta qualidade, uma distribuição uniforme do reforço ao longo de toda a amostra e boas propriedades mecânicas do produto final. A ideia-chave é aplicar uma tensão de cisalhamento (τ) suficiente nos aglomerados de partículas embebidos no metal líquido para superar a força coesiva média ou a resistência à tração do aglomerado. Estudos de dinâmica molecular [24-26] sugerem que o cisalhamento intensivo pode deslocar a posição de átomos que são mantidos juntos com ligações de alta resistência. Sob um elevado cisalhamento e alta intensidade de turbulência, o líquido pode penetrar nos aglomerados e deslocar as partículas individuais dentro do aglomerado.

Os objectivos de desenvolvimento dos materiais compósitos de metais leves são:

• Aumento do limite de elasticidade e da resistência à tração à temperatura ambiente e superior, mantendo a ductilidade mínima ou antes a tenacidade,

• Aumento da resistência à deformação a temperaturas mais elevadas em comparação com as ligas convencionais,

• Aumento da resistência à fadiga, especialmente a temperaturas mais elevadas,

• Melhoria da resistência ao choque térmico,

• Melhoria da resistência à corrosão,

• Aumento do módulo de Young,

• Redução do alongamento térmico.

Em resumo, pode resultar uma melhoria das propriedades específicas do peso, oferecendo a possibilidade de alargar a área de aplicação, substituir materiais comuns e otimizar as propriedades dos componentes. Com os materiais funcionais, existe outro objetivo, a condição prévia de manter a função adequada do material.

Os objectivos são, por exemplo:

• Aumento da resistência dos materiais condutores, mantendo a elevada condutividade,

• Melhoria da resistência à deformação a baixa temperatura (materiais sem reação),

- Melhoria do comportamento de burnout (mudança de contacto),

- Melhoria do comportamento de desgaste (contacto de deslizamento),

- Aumento do tempo de funcionamento dos eléctrodos de soldadura por pontos através da redução das queimaduras,

- Produção de materiais compósitos em camadas para componentes electrónicos,

- Produção de supercondutores compósitos dúcteis,

- Produção de materiais magnéticos com propriedades especiais.

1.4 Âmbito da investigação

A estrutura macia do alumínio tem uma resistência ao desgaste muito baixa, o que impossibilita a sua utilização em peças de automóveis, mas é adequada para fins leves. No caso da indústria aeroespacial, é necessária uma elevada rigidez em relação ao peso. A utilização de fases duras como SiC ou Al_2O_3 pode conferir dureza e resistência ao desgaste ao alumínio ou à sua liga. Assim, o compósito de Al com SiC, que é uma fase dura, confere maior resistência do que as fases individuais da matriz. A dureza do SiC é muito superior à do Al e mesmo superior à do Al_2O_3. No nosso estudo de investigação, utilizámos diferentes tamanhos de partículas de SiC e a sua variação de percentagem volumétrica numa fase de matriz de alumínio puro. E investigamos a distribuição da partícula de SiC, se é uniforme ou não, através da microestrutura de diferentes amostras de fundição de compósitos (Al+SiC). Investigar também as propriedades mecânicas dos compósitos fundidos. A resistência ao desgaste e a propriedade de dureza foram verificadas através do método de pino no disco do teste de desgaste e do teste de dureza Brinell, respetivamente.

2.1 Compósitos

Os materiais compósitos são compostos por, pelo menos, duas fases: uma fase de matriz e uma fase de reforço. A fase matriz e a fase de reforço trabalham em conjunto para produzir uma combinação de propriedades materiais que não podem ser satisfeitas pelos materiais convencionais [1]. Na maioria dos compósitos, o reforço é adicionado à matriz para aumentar a resistência e a rigidez da matriz. Os compósitos mais comuns podem ser divididos em três grupos principais [2]:

2.1.1 Compósitos de matriz polimérica (PMCs)

Os compósitos de matriz polimérica são também conhecidos como FRP - Polímeros (ou Plásticos) Reforçados com Fibras. Estes materiais utilizam uma resina à base de polímeros como matriz e uma variedade de fibras, como as de vidro, carbono e aramida, como reforço.

2.1.2 Compósitos de matriz metálica (MMCs)

Os compósitos de matriz metálica são cada vez mais encontrados na indústria aeroespacial e automóvel. Estes materiais utilizam um metal, como o alumínio, como matriz e reforçam-no com fibras, partículas ou cristais capilares, como o carboneto de silício.

2.1.3 Compósitos de matriz cerâmica (CMCs)

Os compósitos de matriz cerâmica são utilizados em ambientes com temperaturas muito elevadas. Estes materiais utilizam uma cerâmica como matriz e reforçam-na com fibras curtas, ou whiskers, tais como os feitos de carboneto de silício e nitreto de boro [2].

2.2 Importância dos compósitos de matriz metálica

2.2.1 Na indústria aeroespacial

As reduções da densidade do material, o aumento da rigidez, da tensão de cedência e da resistência à tração podem traduzir-se diretamente em reduções do peso estrutural. Isto levou a indústria aeroespacial a desenvolver e examinar novos materiais com combinações de baixa densidade, rigidez melhorada e alta resistência como alternativas atractivas às ligas de alumínio de alta resistência e às ligas de titânio existentes. Estes compósitos de matriz metálica de elevada resistência combinam a elevada resistência e dureza da fase de reforço com a ductilidade e tenacidade dos metais leves [3]. Além disso, a necessidade de melhorar os procedimentos de conceção resultou de uma tentativa de obter uma melhoria significativa da eficiência estrutural, da fiabilidade e do desempenho global através da redução do peso absoluto ou do aumento da relação resistência/peso. Resultados de investigação recentes tornaram possível prever a combinação destes efeitos através do desenvolvimento de ligas leves reforçadas [4].

2.2.2 Como materiais estruturais

Os compósitos de matriz metálica oferecem um espetro de vantagens que são importantes para a sua seleção e utilização como materiais estruturais. Algumas dessas vantagens incluem a combinação de alta resistência, alto módulo de elasticidade, alta tenacidade e resistência ao impacto, baixa sensibilidade a mudanças de temperatura ou choque térmico, alta durabilidade da superfície, baixa sensibilidade a falhas na superfície, alta condutividade eléctrica e térmica, exposição mínima ao problema potencial de absorção de humidade, resultando em degradação ambiental, e melhor capacidade de fabrico com equipamento convencional de trabalho de metais [5]. Algumas aplicações industriais dos AMCs são mostradas na Figura 2.1 e listadas na Tabela 2.1.

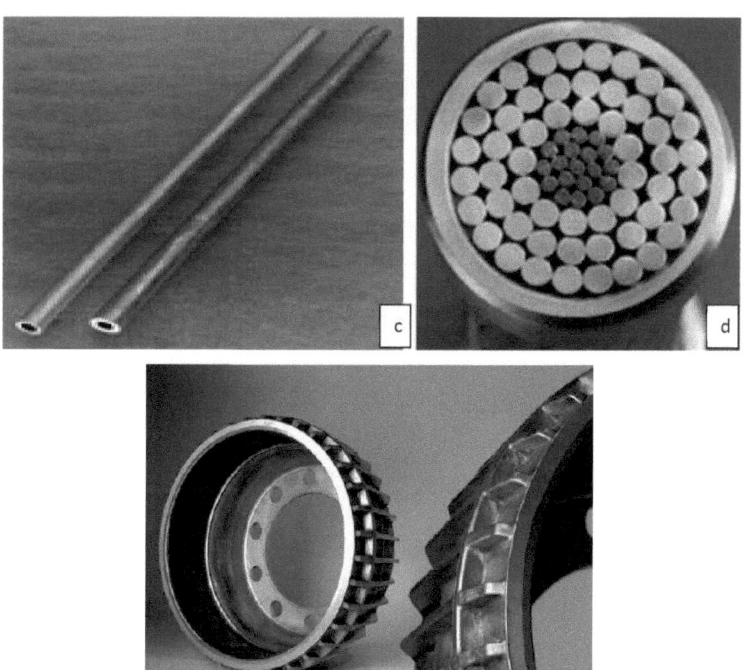

Figura 2.1: Algumas aplicações industriais de AMCs: (a) Rotores de travões para comboios de alta velocidade, (b) Sistemas de travagem para automóveis, (c) Varetas para automóveis, (d) Núcleos para fios eléctricos de alta tensão e (e) Calços de travões

Tabela 2.1: Algumas aplicações industriais de AMCs

Sistema	Componentes	Propriedades necessárias
Motor	Ranhura do anel do pistão	Alta temperatura, fadiga, fluência, desgaste
	Balancim	Resistência ao desgaste, redução de peso
	Válvula	Peso, rigidez, desgaste
	Pino de pulso	Alta temperatura, fadiga, fluência, desgaste
	Bloco de cilindros (revestimento)	Rigidez específica, desgaste, fluência
	Biela	Resistência ao desgaste e à apreensão, peso
	Rolamento	

		Rigidez específica, Peso, Reduzido Atrito
Suspensão	Escoras	Amortecimento, rigidez
Linha de tração	Forquilhas de mudança	Desgaste, peso
	Eixo de acionamento	Rigidez específica, fadiga
	Engrenagens	Desgaste, peso
	Rodas	Peso
Caixas	Caixa de velocidades	Desgaste, peso
	Rolamento diferente	Desgaste, peso
	Bombas	
Travões	Rotores de disco	Desgaste, peso
	Pinças	Vestir

2.3 Componentes de compósitos de matriz metálica

Os compósitos de matriz metálica são, em geral, constituídos por pelo menos dois componentes, um dos quais é a matriz metálica e o segundo componente é o reforço. Em todos os casos, a matriz é definida como um metal, mas um metal puro raramente é utilizado como matriz, sendo geralmente uma liga. A distinção entre os compósitos de matriz metálica e outras ligas de duas ou mais fases resulta do processamento do compósito. Na produção do compósito, a matriz e o reforço são misturados. Isto permite distinguir um compósito de uma liga de duas ou mais fases, em que a segunda fase se forma como uma partícula e ocorre uma separação de fases, como uma reação eutéctica ou eutéctica [5].

2.3.1 Tipos de reforços

Os reforços de compósitos de matriz metálica podem ser geralmente divididos em cinco categorias principais:

a) Fibras contínuas

b) Fibras descontínuas

c) Bigodes

d) Fios

e) Partículas

Os diferentes tipos de armadura são apresentados na Figura 2.2.

Com exceção dos fios, que são metais, os reforços são geralmente cerâmicos. Tipicamente, estas cerâmicas são óxidos, carbonetos e nitretos, que são utilizados devido às suas excelentes combinações de resistência específica e rigidez, tanto à temperatura ambiente como a temperaturas elevadas. Os reforços típicos utilizados nos compósitos de matriz metálica estão listados no Quadro 2.2. O carboneto de silício, o carboneto de boro e o óxido de alumínio são os principais reforços particulados e podem ser obtidos com diferentes níveis de pureza e distribuição de tamanhos. As partículas de carboneto de silício são também produzidas como um subproduto dos processos utilizados para fabricar whiskers destes materiais [5].

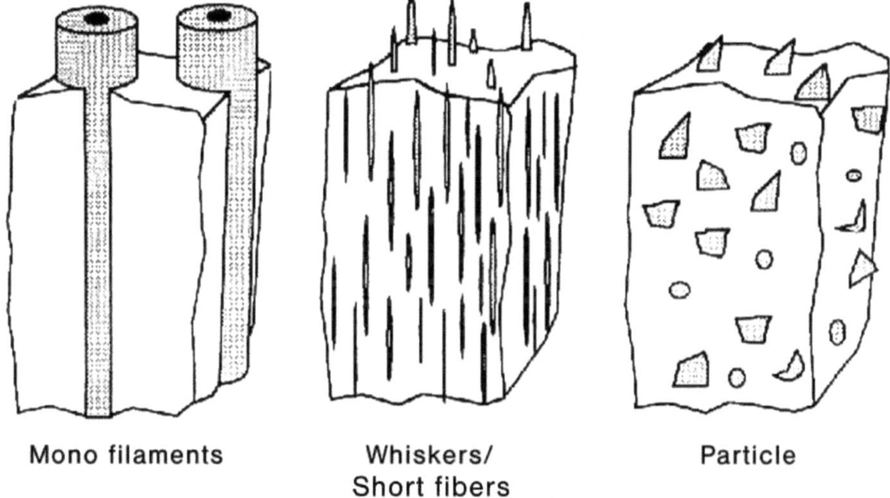

Figura 2.2: diferentes tipos de reforço

Tabela 2.2 Reforços típicos utilizados em compósitos de matriz metálica [5].

Reforço	Matrizes
Boro, fibra (incluindo revestida)	Alumínio, titânio
Fibra de grafite	Alumínio, magnésio, cobre

Fibra de alumina   Alumínio, magnésio

Fibra de carboneto de silício   Alumínio, titânio

Fibra de alumina-sílica   Alumínio

Batedor de carboneto de silício   Alumínio, magnésio

Partículas de carboneto de silício   Alumínio, magnésio

Partículas de carboneto de boro   Alumínio, magnésio

Os compósitos de matriz metálica reforçados com partículas surgiram como candidatos atractivos para utilização num espetro de aplicações que incluem as industriais, militares e espaciais. O interesse renovado nos compósitos de matriz metálica tem sido ajudado pelo desenvolvimento de materiais de reforço, que proporcionam propriedades melhoradas ou custos reduzidos quando comparados com os materiais monolíticos existentes [5].

2.3.1.1 Importância dos compósitos de matriz metálica reforçados com partículas

Os compósitos de matriz metálica reforçados com partículas têm atraído uma atenção considerável devido ao facto de:

a) Disponibilidade de um espetro de reforços a custos competitivos,

b) Desenvolvimento bem sucedido de processos de fabrico para produzir compósitos de matriz metálica com microestruturas e propriedades reprodutíveis

c) Disponibilidade de métodos de trabalho de metais normalizados ou quase normalizados, que podem ser utilizados para formar estes materiais.

d) A utilização de reforços descontínuos minimiza os problemas associados ao fabrico de compósitos de matriz metálica reforçados continuamente, tais como danos nas fibras, heterogeneidade microestrutural, incompatibilidade das fibras e reacções inter-faciais.

e) Para aplicações sujeitas a cargas severas ou flutuações térmicas extremas, tais como em componentes automóveis, os compósitos de matriz metálica reforçados descontinuamente demonstraram oferecer propriedades quase isotrópicas com melhorias substanciais na resistência e rigidez, relativamente às disponíveis com materiais monolíticos. [6]

2.3.2   Tipos de metais

Vários sistemas metálicos foram considerados para utilização como material de matriz para compósitos de matriz metálica Tabela 2.3.

Tabela 2.3: Ligas de matriz típicas [5]

Alumínio	Prata
Titânio	Superligas (à base de níquel e ferro)
Magnésio	Nióbio (colúmbio)
Cobre	Intermetálicos
Bronze	Aluminetos de níquel
Níquel	Aluminetos de titânio
Chumbo	

Os mais importantes têm sido os materiais não ferrosos leves para uso estrutural, como o alumínio, o titânio e o magnésio, porque as propriedades específicas destes materiais podem ser melhoradas para substituir materiais monolíticos mais pesados. O alumínio é o material de matriz não ferrosa mais atrativo, utilizado sobretudo nas indústrias aeroespacial e dos transportes, onde o peso dos componentes estruturais é crítico [5].

2.3.3   Compósitos de matriz metálica SiC à base de alumínio

O sistema compósito de partículas mais comum é o alumínio reforçado com carboneto de silício. Até à data, a maioria das ligas utilizadas como matrizes em alumínio centrou-se nas ligas das séries A356, 2xxx e 6xxx. Embora muito poucos estudos tenham sido relatados sobre as ligas da série 7xxx reforçadas com partículas de carboneto de silício, muito menos atenção tem sido dada aos compósitos de matriz de liga de Al 7xxx, que mostram a maior resistência de todas as ligas de Al comerciais e amplamente utilizadas para aplicações estruturais [7]. As ligas com matrizes mais resistentes tendem a produzir compósitos mais resistentes, mas nestes sistemas compósitos existem muitas variáveis, tais como as condições de envelhecimento, a fração peso/volume das partículas e o tamanho das partículas, que podem afetar as propriedades mecânicas [8].

2.4 Técnicas de processamento

Os métodos de processamento utilizados para fabricar compósitos de matriz metálica reforçados com partículas podem ser agrupados de acordo com a temperatura da matriz metálica durante o processamento.

Assim, os processos podem ser classificados em três categorias [5]:

1) Processos em fase líquida

2) Processos em fase sólida

3) Processos de duas fases (sólido/líquido)

2.4.1 Processos de fase líquida

Nos processos em fase líquida, as partículas cerâmicas são incorporadas numa matriz metálica fundida utilizando várias técnicas próprias. Segue-se a mistura e a eventual fundição da mistura composta resultante em componentes moldados ou biletes para fabrico posterior. O processo envolve uma seleção cuidadosa do reforço cerâmico em função da liga da matriz.

Para além da compatibilidade com a matriz, os critérios de seleção de um reforço cerâmico incluem os seguintes factores [9]:

1) Módulo de elasticidade

2) Resistência à tração,

3) Densidade

4) Temperatura de fusão

5) Estabilidade térmica

6) Tamanho e forma da partícula de reforço

7) Coeficiente de expansão térmica

8) Custo.

A maioria dos materiais cerâmicos de reforço não são molhados pela liga fundida.

Consequentemente, a introdução e a retenção das partículas cerâmicas requerem a adição de agentes molhantes à massa fundida ou o revestimento das partículas cerâmicas antes da mistura.

2.4.1.1 Mistura de partículas de metal líquido/cerâmica

Várias abordagens têm sido utilizadas para introduzir partículas cerâmicas numa liga fundida. Estas incluem [5]:

a) Injeção de pós arrastados num gás de transporte inerte na massa fundida utilizando uma pistola de injeção;

b) Adição de partículas cerâmicas no fluxo fundido à medida que este enche o molde;

c) Adição de partículas ao metal fundido através de um vórtice introduzido por agitação mecânica;

d) Adição de pequenos briquetes à massa fundida, seguida de agitação imediata;

e) Forçar as partículas na massa fundida através da utilização de hastes recíprocas;

f) Dispersão das partículas finas na massa fundida por ação centrífuga;

g) Injeção de partículas na massa fundida enquanto esta é continuamente irradiada com ultra-sons [10]

h) Processamento em gravidade zero. A abordagem de gravidade zero envolve a utilização do sinergismo de vácuo ultra-alto e temperaturas elevadas durante períodos de tempo prolongados.

Em todos os processos acima referidos, consegue-se uma ligação forte entre a matriz metálica e o reforço utilizando uma temperatura de processamento elevada e ligando a matriz com um elemento para produzir uma nova fase e, assim, efetuar a "molhagem" entre a matriz e a cerâmica. Esta reação deve ser limitada de modo a ser suficientemente adequada para molhar o reforço e promover a ligação, sem causar a degradação do reforço durante o fabrico e/ou utilização do compósito [11].

A agitação durante o processamento é essencial para interromper a formação de películas de contaminação e camadas absorvidas. Isto facilita a ligação interfacial [12].

2.4.1.2 Fundição por agitação convencional

As técnicas de fundição por agitação são atualmente o método comercial mais comum. Esta abordagem envolve a mistura mecânica das partículas de reforço num banho de metal fundido. Um aparelho de composição simplificado é mostrado na Figura 2.3, e é tipicamente composto por um cadinho aquecido contendo metal de alumínio fundido, com um motor que acciona uma pá, ou impulsor de mistura, que está submerso na fusão. O reforço é vertido no cadinho acima da superfície da fusão e a uma velocidade controlada, para assegurar uma alimentação suave e contínua.

À medida que o impulsor roda a velocidades moderadas, gera um vórtice que atrai as partículas de reforço para a fusão a partir da superfície. O impulsor é concebido para criar um elevado nível de cisalhamento, o que ajuda a retirar os gases adsorvidos da superfície das partículas. O elevado cisalhamento também envolve as partículas no alumínio fundido, o que promove a humidificação. São necessárias técnicas de mistura adequadas e um design optimizado do impulsor para produzir uma circulação adequada da fusão e uma distribuição homogénea do reforço.

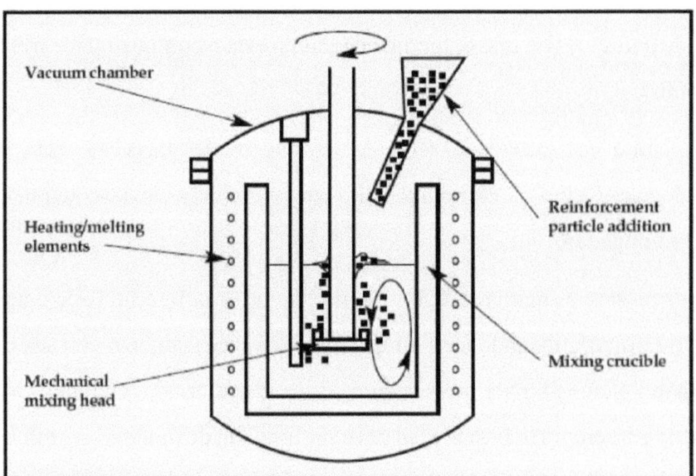

Figura 2.3: Processo convencional de fundição por agitação

2.4.1.3 Infiltração de fusão

No processo de infiltração por fusão, uma liga fundida é introduzida numa pré-forma cerâmica porosa utilizando um gás inerte ou um dispositivo mecânico, como um meio de pressurização. A pressão necessária para combinar a matriz e o reforço é uma função dos efeitos de fricção resultantes da viscosidade da matriz metálica fundida à medida que esta preenche a pré-forma cerâmica. A molhagem da pré-forma cerâmica pela liga líquida depende de vários factores concorrentes, tais como a composição da liga, a natureza da pré-forma cerâmica, o tratamento da superfície cerâmica, a geometria da superfície, as reacções interfaciais, a atmosfera circundante, a temperatura e o tempo [5].

2.4.1.4 Fundição por compressão

A fundição por compressão é uma técnica de solidificação importante nos processos de fase líquida. Este processo de fundição é uma combinação dos processos de fundição e forjamento. O metal fundido é vertido para uma matriz. Quando o metal começa a solidificar, a matriz é fechada e é aplicada pressão até o material solidificar completamente [14].

O Squeeze casting oferece uma elevada produtividade e uma excelente conformabilidade próxima da forma líquida. Este processo consiste em solidificar a liga sob uma determinada pressão aplicada que é mantida até ao final da solidificação. O resultado é uma estrutura fundida que apresenta propriedades mecânicas mais isotrópicas e melhoradas. As vantagens potenciais do processo incluem a eliminação da retração e a formação de uma estrutura equiaxial de grão fino com um pequeno espaçamento entre braços de dendrite e pequenas partículas constituintes. O aparecimento de materiais compósitos com propriedades muito superiores às dos materiais convencionais também causou um interesse crescente no squeeze casting [15].

Os principais parâmetros que afectam a microestrutura do fundido e que devem ser optimizados são o sobreaquecimento da massa fundida, a temperatura de pré-aquecimento do molde, o nível de pressão aplicado, o tempo decorrido entre o vazamento do metal no molde e a aplicação da pressão, a temperatura de vazamento e a duração da aplicação da pressão. A pressão aplicada durante a solidificação evita a formação de retração e de porosidade gasosa no material em solidificação. A pressão necessária para eliminar os defeitos de contração varia de liga para liga. Depende principalmente do intervalo de congelação da liga, da morfologia de crescimento do material e da tensão de escoamento da peça fundida quando o material está quase sólido [15].

A eliminação da porosidade de contração através da fundição por compressão sugere que deve ser possível produzir peças fundidas sólidas com algumas das ligas forjadas de alta resistência que normalmente exibem uma certa quantidade de porosidade de contração dispersa. Isto significa que as peças fundidas poderiam ser utilizadas em tais casos, em vez de componentes forjados [15].

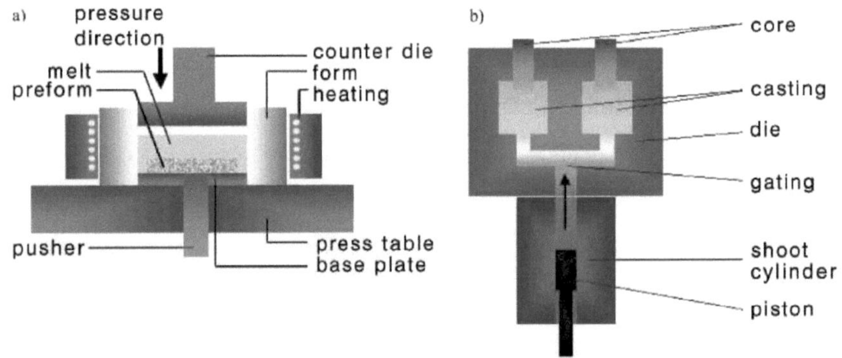

Figura 2.4: <u>Fundição por compressão direta e indireta</u>

2.4.1.5 Processo de oxidação da fusão

No processo de oxidação por fusão, uma pré-forma cerâmica, moldada na forma do produto final através de uma técnica de fabrico como a prensagem, a moldagem por injeção ou a fundição por deslizamento, é continuamente infiltrada por uma liga fundida à medida que sofre uma reação com a fase gasosa [5].

2.4.2 Processos de fase sólida

2.4.2.1 Metalurgia do pó

A metalurgia do pó é um método de fabrico comummente utilizado no fabrico de compósitos de matriz metálica [13]. Os processos de fase sólida envolvem a mistura de pós rapidamente solidificados com partículas, plaquetas ou bigodes, através de uma série de etapas, conforme resumido na Figura 2.5.

As sequências de passos incluem:

(i) Peneiração das partículas rapidamente solidificadas,

(ii) Mistura das partículas com fase(s) de reforço,

18

(iii) Compressão da mistura de reforço e partículas até aproximadamente 75% de densidade,

(iv) Desgaseificação e consolidação final por extrusão, forjamento, laminagem ou qualquer outro método de trabalho a quente.

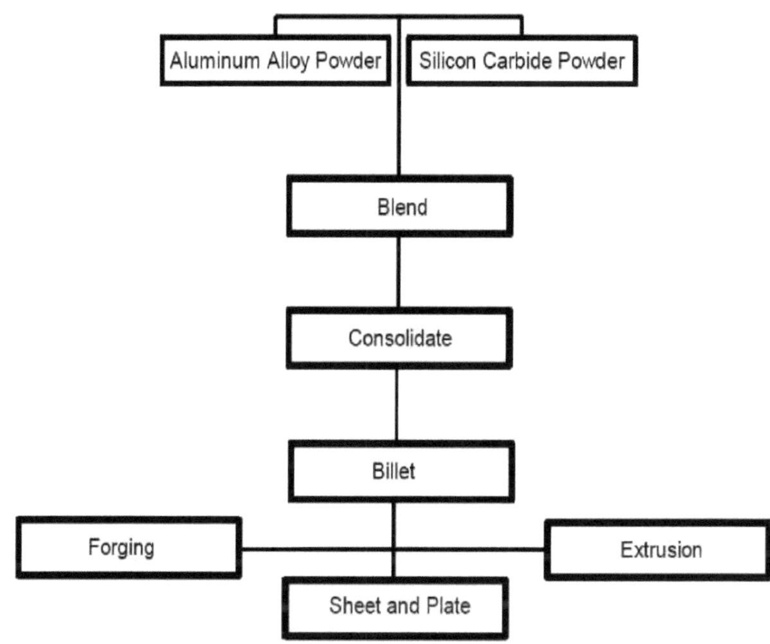

Figura 2.5: <u>Diagrama de fluxo que mostra as principais etapas de fabrico de um compósito metal-matriz metálica de metalurgia do pó</u> [5]

2.4.2.2 Processos de alta taxa de energia

Nesta abordagem, a consolidação de uma mistura metal-cerâmica é conseguida através da aplicação de uma energia elevada num curto período de tempo. [5]

2.4.2.3 Deposição Física de Vapor

O processo envolve a passagem contínua da fibra através de uma região de elevada pressão parcial do metal a depositar, onde ocorre a condensação de modo a produzir um revestimento relativamente espesso na fibra. O vapor é produzido dirigindo um feixe de electrões de alta potência para a extremidade de uma barra sólida de alimentação. As taxas de deposição típicas são de 5-10 _m por minuto. O fabrico do compósito é normalmente completado pela montagem das fibras revestidas num feixe ou num conjunto e pela consolidação numa prensa quente ou numa operação HIP. Esta técnica permite produzir compósitos com uma distribuição uniforme das fibras e uma fração de volume que pode atingir os 80%.

2.4.2.4 Processos bifásicos

Os processos bifásicos envolvem a mistura de cerâmica e matriz num regime do diagrama de fases em que a matriz contém fases sólidas e líquidas.

2.4.2.5 Depósito Osprey TM

No processo osprey, as partículas de reforço são introduzidas numa corrente de liga fundida, que é subsequentemente atomizada por jactos de gás inerte. A mistura pulverizada é recolhida num substrato sob a forma de um lingote de matriz metálica reforçada [5].

2.4.2.6 Reocasting

No processo de reofusão, partículas finas de cerâmica são adicionadas a uma matriz de liga metálica a uma temperatura dentro do intervalo sólido-líquido da liga. Segue-se a agitação da mistura para formar uma pasta de baixa viscosidade [5]

2.4.2.7 Co-deposição variável de materiais multifásicos (VCM)

No processo de co-deposição variável de materiais multifásicos, o material da matriz é desintegrado numa fina dispersão de gotículas utilizando jactos de gás inerte de alta velocidade. Simultaneamente, um ou mais jactos de fases de reforço são injectados no spray atomizado numa localização espacial prescrita [5].

2.5 Investigações anteriores sobre compósitos de matriz metálica de SiC à base de alumínio

Zhou e Xu [16] investigaram que os compósitos à base de duas ligas de alumínio (A536 e 6061) reforçados com 10% ou 20% de fração volumétrica de partículas de SiC foram produzidos por fundição por gravidade e um novo método de mistura em duas etapas foi aplicado com sucesso para melhorar a molhabilidade e a distribuição das partículas. Observou-se que as partículas de SiC se localizavam predominantemente nas regiões interdendríticas e foi proposto um modelo de desfasamento térmico para explicar a concentração de partículas. Verificou-se que as partículas de SiC actuaram como substratos para a nucleação heterogénea de cristais de Si num dos compósitos fundidos. Esta observação também pode ser explicada pelo modelo de desfasamento térmico proposto.

Conseguir uma distribuição uniforme do reforço na matriz é um desses desafios, que afecta diretamente as propriedades e a qualidade do material compósito. Para atingir estes objectivos, **Singla e et. al** [17] adoptaram o método de mistura em duas fases da técnica de fundição por agitação e procederam à subsequente análise das propriedades. O alumínio (98,41% C.P) e o SiC (grão 320) foram escolhidos como material de matriz e de reforço, respetivamente. As experiências foram conduzidas variando a fração de peso do SiC (5%, 10%, 15%, 20%, 25% e 30%), mantendo todos os outros parâmetros constantes. Os resultados indicaram que o "método desenvolvido" é bastante bem sucedido na obtenção de uma dispersão uniforme do reforço na matriz.

Ramachandra e Radhakrishna [18] investigaram o desgaste por deslizamento e o desgaste erosivo do compósito de alumínio/SiC. Nesta investigação, uma matriz metálica à base de alumínio foi reforçada com partículas de carboneto de silício (SiC) utilizando a técnica convencional de fundição em vórtice. Os estudos macro e microestruturais efectuados nas amostras revelaram uma distribuição quase uniforme das partículas de SiC. Foram estudados o desgaste por deslizamento, o desgaste erosivo da pasta e o desgaste corrosivo do compósito de matriz metálica (MMC) fundido. Verificou-se que a resistência ao desgaste por deslizamento e ao desgaste erosivo por lama melhorou consideravelmente com a adição de partículas de SiC, enquanto a resistência à corrosão diminuiu. Os exames microscópicos das superfícies desgastadas, dos detritos de desgaste e da subsuperfície mostram que a liga de base se desgasta principalmente devido ao micro-corte.

2.6 Ensaio de desgaste (método Pin On Disk)

Um sistema de pino sobre disco pode ser utilizado para medir o desgaste. A unidade é constituída por um braço articulado ao qual é fixado o pino, um dispositivo que acomoda discos até 165 mm de diâmetro e 8 mm de espessura, um sensor de força eletrónico para medir a força de fricção. O prato giratório acionado por motor produz até 3000 rpm. O desgaste é quantificado através da medição da ranhura de desgaste com um perfilómetro (a encomendar separadamente) e da medição da quantidade de material removido. Os utilizadores especificam simplesmente a velocidade da mesa giratória, a carga e quaisquer outras variáveis de teste desejadas, como o limite de fricção e o número de rotações.

Concebido para ser utilizado sem supervisão, o utilizador só precisa de colocar o material de ensaio no suporte da mesa giratória e especificar as variáveis de ensaio. É aplicada uma pressão pré-determinada ao pino utilizando um sistema de pesos. Rodar a mesa giratória enquanto se aplica esta força ao pino inclui o desgaste por deslizamento, bem como uma força de fricção. Uma vez que os pinos podem ser fabricados a partir de uma vasta gama de materiais, pode ser testada praticamente qualquer combinação de substratos de metal, vidro, plástico, compósito ou cerâmica.

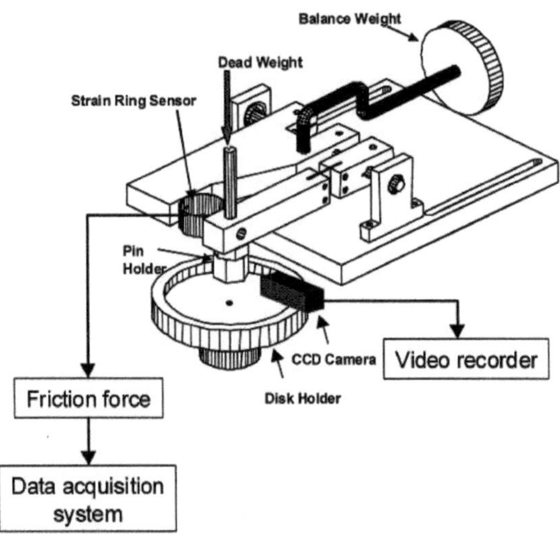

Figura 2.6: <u>Diagrama esquemático do método de ensaio de desgaste "Pin on Disc</u>

2.6.1 Aplicações

Ensaios de desgaste de metais, cerâmicas, revestimentos macios e duros, plásticos, polímeros e compósitos, lubrificantes, fluidos de corte, amostras processadas termicamente.

2.7 Ensaio de impacto Charpy

O **ensaio de impacto Charpy**, também conhecido como **ensaio Charpy V-notch**, é um ensaio normalizado de alta taxa de deformação que determina a quantidade de energia absorvida por um material durante a fratura. Esta energia absorvida é uma medida da tenacidade do entalhe de um determinado material e actua como uma ferramenta para estudar a transição dúctil-frágil dependente da temperatura. É amplamente aplicado na indústria, uma vez que é fácil de preparar e realizar e os resultados podem ser obtidos de forma rápida e económica. Uma desvantagem é o facto de alguns resultados serem apenas comparativos [19].

2.7.1 Resultados quantitativos

O resultado quantitativo do impacto testa a energia necessária para fraturar um material e pode ser utilizado para medir a tenacidade do material e a tensão de cedência. Além disso, a taxa de deformação pode ser estudada e analisada quanto ao seu efeito na fratura.

A temperatura de transição dúctil-frágil (DBTT) pode ser derivada da temperatura em que a energia necessária para fraturar o material muda drasticamente. No entanto, na prática, não existe uma transição nítida e é difícil obter uma temperatura de transição exacta (é realmente uma região de transição). Uma DBTT exacta pode ser derivada empiricamente de muitas maneiras: uma energia absorvida específica, mudança no aspeto da fratura (tal como 50% da área é de clivagem), etc. [19]

2.7.2 Resultados qualitativos

Os resultados qualitativos do ensaio de impacto podem ser utilizados para determinar a ductilidade de um material. [20] Se o material se partir num plano plano, a fratura foi frágil, e se o material se partir com arestas dentadas ou lábios de cisalhamento, então a fratura foi dúctil. Normalmente, um material não se parte apenas de uma forma ou de outra, pelo que a comparação das áreas de superfície recortada e plana da fratura dará uma estimativa da percentagem de fratura dúctil e frágil. [19]

2.7.3 Tamanhos de amostra

De acordo com a norma ASTM A370 [21], a dimensão normal dos provetes para o ensaio de impacto Charpy é de 10 mm x 10 mm x 55 mm. Os tamanhos dos provetes de sub-dimensão são: 10mm x 7,5mm x 55mm, 10mm x 6,7mm x 55mm, 10mm x 5mm x 55mm, 10mm x 3,3mm x 55mm, 10mm x 2,5mm x 55mm. Pormenores dos espécimes de acordo com a norma ASTM A370 (Standard Test Method and Definitions for Mechanical Testing of Steel Products).

De acordo com a norma EN 10045-1 [22], as dimensões padrão dos provetes são 10 mm x 10 mm x 55 mm. Os provetes de tamanho inferior são: 10mm x 7,5mm x 55mm e 10mm x 5mm x 55mm.

De acordo com a norma ISO 148 [23], as dimensões padrão dos provetes são 10 mm x 10 mm x 55 mm. Os espécimes de tamanho inferior são: 10mm x 7,5mm x 55mm, 10mm x 5mm x 55mm e 10mm x 2,5mm x 55mm.

2.8 Estudo SEM

O microscópio eletrónico de varrimento (SEM) utiliza um feixe focalizado de electrões de alta energia para gerar uma variedade de sinais na superfície de amostras sólidas. Os sinais que derivam das interacções eletrão-amostra revelam informações sobre a amostra, incluindo a morfologia externa (textura), a composição química, a estrutura cristalina e a orientação dos materiais que constituem a amostra. Na maioria das aplicações, os dados são recolhidos numa área selecionada da superfície da amostra, sendo gerada uma imagem bidimensional que apresenta variações espaciais destas propriedades. As áreas com uma largura de cerca de 1 cm a 5 microns podem ser visualizadas num modo de varrimento utilizando técnicas convencionais de SEM (ampliação de 20X a cerca de 30.000X, resolução espacial de 50 a 100 nm). O SEM também é capaz de efetuar análises de pontos seleccionados na amostra; esta abordagem é especialmente útil na determinação qualitativa ou semi-quantitativa de composições químicas (utilizando EDS), estrutura cristalina e orientações cristalinas (utilizando EBSD). A conceção e a função do SEM são muito semelhantes às do EPMA e existe uma considerável sobreposição de capacidades entre os dois instrumentos. [24]

3.1 Tratamento de partículas de SiC

3.1.1 Moagem de bolas

O tamanho das partículas de SiC foi reduzido por moagem de bolas.

- Foram utilizadas esferas de ferro fundido como meio de moagem.

- A moagem com bolas foi efectuada durante 8 horas.

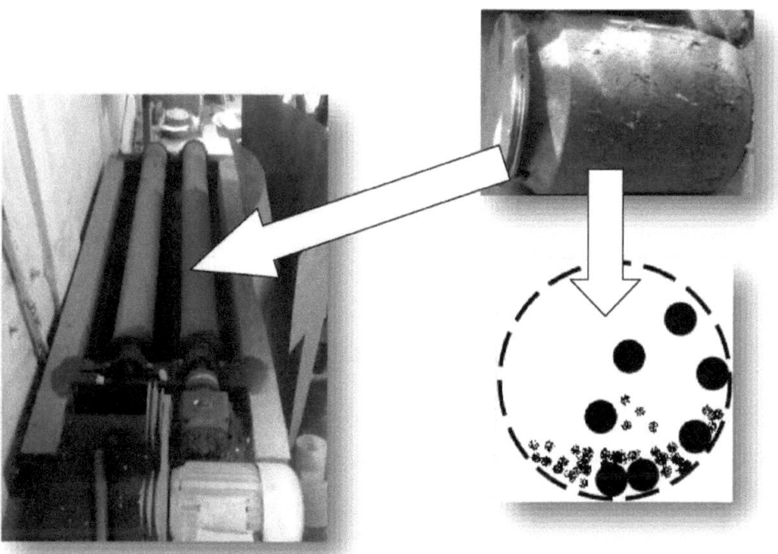

Fig 3.1 : <u>Moagem com bolas de partículas grossas de SiC num revestimento de moinho de bolas</u>

3.1.2 Análise granulométrica de partículas de SiC moídas com bolas

Após a moagem de bolas, foi efectuada uma análise por peneiração.

3.1.2.1 Procedimento de trabalho da análise granulométrica

- Coloca-se uma amostra de 1 kg no peneiro superior (140), que tem as maiores aberturas de peneira. Cada peneiro inferior (200, 270 respetivamente) na coluna tem aberturas mais pequenas do que o anterior. Na base encontra-se um tabuleiro redondo.

- A coluna é normalmente colocada num agitador mecânico.

- O agitador agita a coluna, normalmente durante 10 minutos.

- Depois de terminada a agitação, pesa-se o material em cada peneira.

- O tamanho da partícula média em cada peneira é então analisado para obter um ponto de corte ou um intervalo de tamanho específico, que é então capturado num ecrã.

3.1.2.2 Resultados

Encontrámos os seguintes tamanhos diferentes das partículas de SiC:

Tabela 3.1: Diferentes tamanhos de partículas de SiC

Tamanho da malha	Tamanho das partículas (pm)
Amostra no recipiente	<53
Amostra em 270	53-74
Amostra em 200	74-104
Amostra em 140	>104

3.1.3 Tratamento de pré-aquecimento das partículas de SiC

Algumas partículas de SiC foram pré-aquecidas na gama de 850 a 1100^0 C durante 1 a 4 horas para oxidar as suas superfícies. O pré-aquecimento das partículas de SiC foi efectuado para oxidar as superfícies das partículas e para melhorar a sua molhabilidade com a matriz de alumínio

3.2 Produção de compósitos

3.2.1 Técnica de produção selecionada

Escolhemos a **fundição por agitação** como técnica de produção para produzir compósitos de matriz metálica com partículas de carboneto de silício à base de alumínio. **A fundição por agitação** é um processo primário de produção de compósitos em que o material do ingrediente de reforço é incorporado no metal fundido por agitação.

3.2.1.1 Os principais critérios para selecionar este processo

- Uma ligação forte entre a matriz metálica e o reforço é conseguida utilizando uma temperatura de processamento elevada e ligando a matriz com um elemento para produzir uma nova fase e, assim, efetuar a "molhagem" entre a matriz e o reforço

- Adição de partículas ao metal fundido através de um vórtice introduzido por agitação mecânica

- Dispersão das partículas finas na massa fundida por ação centrífuga

- Forçar as partículas na massa fundida através da utilização de hastes recíprocas

- Disponibilidade dos instrumentos e componentes

- Custo.

3.2.2 Preparação de um agitador

Foi feito um agitador a partir de um eixo de grafite com 2 polegadas de diâmetro e 1 pé de comprimento. Podiam ser feitas formas diferentes de agitador, mas escolhemos esta (Fig-3.2).

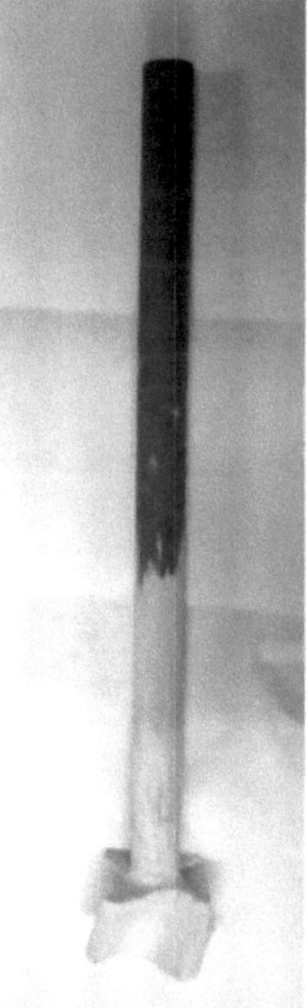

Fig 3.2: Agitador de grafite

3.2.3 Procedimento de fundição

3.2.3.1 Fundição 1:

Etapas do processo de produção:

1. A placa de alumínio foi pré-aquecida por um queimador a gás durante 30 minutos antes de ser fundida.

2. A temperatura do forno foi aumentada acima da temperatura de liquidus (660^0) para fundir completamente o lingote de alumínio.

3. As partículas de SiC foram adicionadas e misturadas automaticamente. A mistura mecânica automática foi efectuada durante cerca de 5 minutos a uma velocidade de agitação normal de 600 rpm.

4. No processo de mistura final, a temperatura do forno será controlada entre 760 ± 10^0 C. O vazamento da pasta composta foi efectuado no molde metálico de forma cilíndrica.

3.2.3.2 Fundição 2:

Etapas do processo de produção:

1. 100 g de partículas de SiC foram pré-aquecidas num forno de tratamento térmico durante cerca de 1,5 horas a 850^0 C.

2. Uma placa de alumínio com cerca de 1 kg foi colocada num cadinho para fusão num forno de poço.

3. Entretanto, as partículas de SiC aquecidas foram levadas para um cadinho pré-aquecido com uma capacidade de 1,5 kg e colocadas no fundo do cadinho.

4. O alumínio fundido foi então vertido no cadinho pré-aquecido contendo partículas de SiC e depois agitado automaticamente por um agitador de grafite durante cerca de 2 minutos colocado numa mufla a 760^0 C.

5. A massa fundida foi vertida em moldes metálicos para a fundição de amostras cilíndricas.

3.2.3.3 Fundição 3:

Etapas do processo de produção:

1. 200 g de partículas de SiC foram pré-aquecidas a 950^0 C durante 3 horas num forno de tratamento térmico.

2. A temperatura do forno foi aumentada acima da temperatura de liquidus (660^0) para fundir completamente o lingote de alumínio.

3. Entretanto, as partículas de SiC aquecidas foram levadas para um cadinho pré-aquecido com uma capacidade de 1,5 kg e colocadas no fundo do cadinho.

4. A mistura mecânica automática foi efectuada durante cerca de 5 minutos a uma velocidade de agitação normal de 600 rpm.

5. No processo de mistura final, a temperatura do forno será controlada entre 760 ± 10^0 C. O vazamento da pasta composta foi efectuado no molde metálico de forma cilíndrica.

3.2.3.4 Fundição 4:

Etapas do processo de produção:

1. 175 g de partículas de SiC foram pré-aquecidas num forno de tratamento térmico durante cerca de 1,5 horas a 1000^0 C.

2. Uma placa de alumínio com cerca de 850 gm foi colocada num cadinho para fusão num forno de poço.

3. Entretanto, as partículas de SiC aquecidas foram levadas para um cadinho pré-aquecido com uma capacidade de 1,5 kg e colocadas no fundo do cadinho.

4. O alumínio fundido foi então vertido no cadinho pré-aquecido contendo partículas de SiC e, em seguida, agitado automaticamente por um agitador de grafite durante 1 minuto, voltando a fundir-se, depois novamente agitado automaticamente por um agitador de grafite durante 1 minuto e, finalmente, agitado manualmente por uma vareta de aço inoxidável austenítico durante cerca de 2 minutos, colocado numa mufla a 760^0 C.

5. A massa fundida foi vertida em moldes metálicos para a fundição de amostras cilíndricas.

3.2.3.5 Fundição 5:
Etapas do processo de produção:

1. 100 g de partículas de SiC foram pré-aquecidas num forno de tratamento térmico durante cerca de 3 horas a 950^0 C.

2. Uma placa de alumínio com cerca de 1 kg foi colocada num cadinho para fusão num forno de poço.

3. Entretanto, as partículas de SiC aquecidas foram levadas para um cadinho pré-aquecido com uma capacidade de 1,5 kg e colocadas no fundo do cadinho.

4. O alumínio fundido foi então vertido no cadinho pré-aquecido contendo partículas de SiC e depois agitado automaticamente por um agitador de grafite a 550 rpm durante cerca de 1,5 minutos.

5. Devido ao facto de o forno não conseguir manter a temperatura, a fusão no cadinho solidificou e a agitação foi interrompida.

6. A massa solidificada foi depois refundida no forno de cuba e, em seguida, agitada manualmente com uma vareta de aço inoxidável austenítico.

7. A massa fundida foi vertida em moldes metálicos para a fundição de amostras cilíndricas.

3.2.3.6 Fundição 6:
Etapas do processo de produção:

1. 180 g de partículas de SiC foram pré-aquecidas num forno de tratamento térmico durante cerca de 1 hora a 1100^0 C.

2. Uma placa de alumínio com cerca de 900 g foi colocada num cadinho para fusão num forno de poço.

3. Entretanto, as partículas de SiC aquecidas foram levadas para um cadinho pré-aquecido com uma capacidade de 1,5 kg e colocadas no fundo do cadinho.

4. O alumínio fundido foi então vertido no cadinho pré-aquecido contendo partículas de SiC e depois agitado manualmente por uma vareta de aço inoxidável austenítico durante cerca de 2 minutos colocada numa mufla a 760^0 C.

5. A massa fundida foi vertida em moldes metálicos para a fundição de amostras cilíndricas.

Etapas da fundição por agitação na Figura 3.3:

(a) Instalação da máquina

(b) Colocação do metal na mufla c) Forno de fusão e de agitação

Preheated
SiC
particles

(d) <u>Adição de partículas de SiC em vórtice</u>

Mixer of
SiC and
liquid
Aluminum

(e) <u>Verter</u>

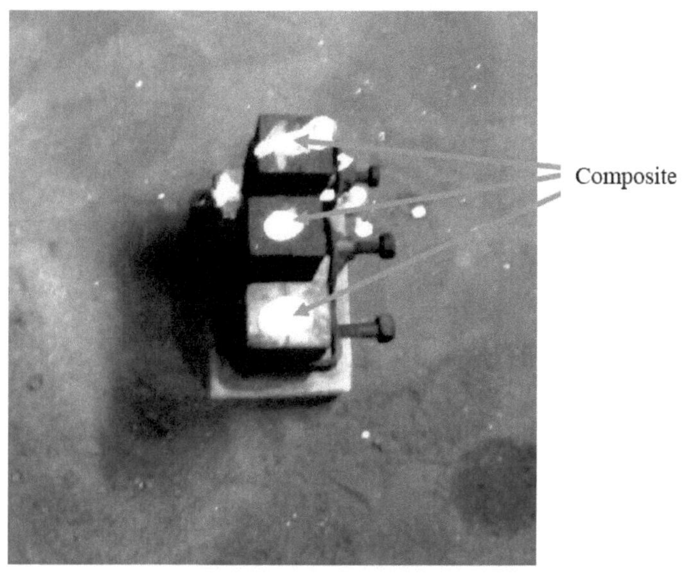

(f) Arrefecimento em molde metálico

3.2.4 Alteração de parâmetros nas técnicas de fundição

Tabela 3.2: Alteração de parâmetros nas técnicas de fundição

Parâmetros	Fundição 1	Fundição 2	Fundição 3	Fundição 4	Fundição 5	Fundição 6
Quantidade de alumínio utilizada (g)	1200	1000	1000	850	1000	900
Percentagem de SiC (peso)	20 % (240 g)	10 % (100 gm)	20 % (200 g)	20 % (175 gm)	10 % (100 gm)	20 % (180 g)
SiC Tamanho das partículas (μm)	>104	74-104	>104	Misturadores de <53, 74 e 104	<53	53-74
Temperatura de pré-aquecimento do SiC (^{0} C)	-	850	950	1000	950	1100
Tempo de pré-aquecimento (hr)	-	1.5	4	1.5	3	1
Tipo de	Automático	Automático	Automático	Automático,	Automático	Manual

agitação				Automático e Manual	& Manual	
Automático Velocidade de agitação (rpm)	600	550	500	500	550	
Tempo de agitação (minutos)	5	2	5	1+2+1	1.5+2	2

3.3 Testes

3.3.1 Ensaio para determinar a % de SiC

O teste de NaOH foi efectuado para determinar a % de SiC no produto fundido de compósitos de matriz metálica de SiC à base de alumínio.

As etapas que estão envolvidas neste processo são

• Inicialmente, foram colocados num copo 1 g da amostra, 5-6 pedaços de solução de NaOH e água de cerca de 40 ml.

• Em seguida, a solução é aquecida.

• O NaOH reage com a amostra e forma uma solução de aluminato de sódio e os precipitados são partículas de SiC.

• Entretanto, dois papéis de filtro são pesados e anotados, W_1 .

• Em seguida, a solução, que foi aquecida, foi filtrada.

• Após a filtração e a secagem, pesámos o papel de filtro e registámos W_2 .

• A partir da diferença entre estes dois valores, foi calculada a % de SiC.

3.3.2 Ensaio de dureza

O ensaio de dureza Brinell foi efectuado na máquina de ensaios universal, aplicando uma carga de 500 kg **(L)** durante 15 segundos com uma esfera de 10 mm de diâmetro **(D)** na superfície da amostra dos diferentes produtos fundidos de compósitos de matriz metálica de SiC à base de alumínio. De seguida, o diâmetro da impressão **(d)** foi medido com uma balança. Em seguida, a dureza é calculada através da equação apresentada abaixo:

$$HB = L/[(\pi D/2)\{D-\sqrt{(D^2-d^2)}\}]$$

3.3.3 Teste de impacto

Utilizámos o **ensaio de impacto Charpy**, também conhecido como **ensaio Charpy V-notch**.

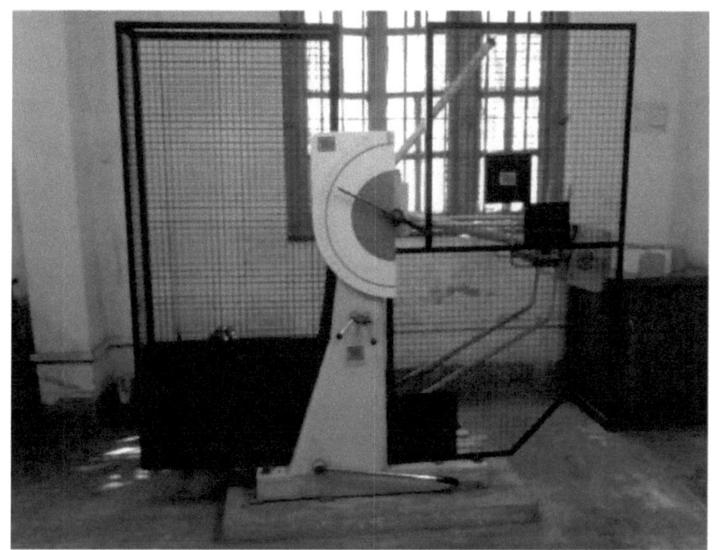

Figura 3.4: <u>Máquina de ensaio de impacto Charpy</u>

3.3.3.1 Tamanho da amostra

Comprimento = 55 mm

Largura = 10 mm

Largura = 10 mm

Profundidade do entalhe = 2 mm

Ângulo do entalhe = 45^0

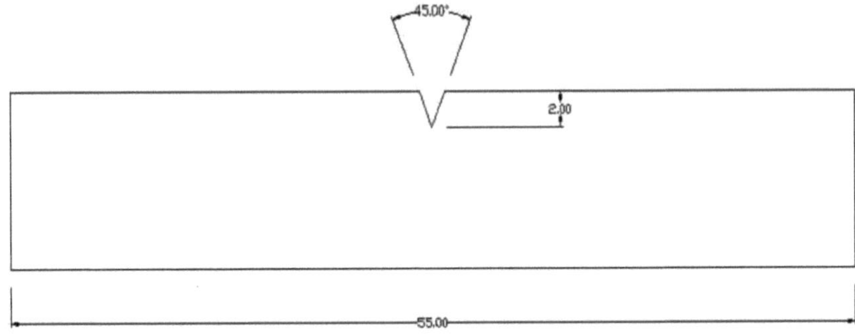

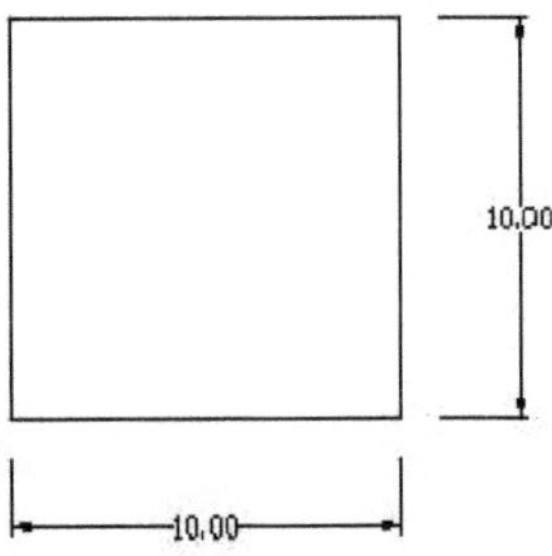

(todas as dimensões são em mm)

Figura 3.5: <u>Dimensão da amostra do ensaio de impacto Charpy</u>

3.3.4 Teste de desgaste

Os ensaios de desgaste foram efectuados utilizando o **método Pin-on-disk.**

• Todos os ensaios foram efectuados ao ar e em condições de deslizamento a seco.

• O disco era de ferro fundido.

• Foi utilizado um braço para segurar e carregar o espécime de pino verticalmente no disco de ferro fundido. O braço pode mover-se livremente na direção vertical e horizontal.

- Os provetes de desgaste foram preparados a partir das barras fundidas, utilizando uma máquina de torno. As dimensões dos provetes de desgaste ASTM G99-05 foram seguidas na preparação de todos os provetes de ensaio.

Figura 3.6: <u>Método de ensaio de desgaste "Pin on Disk</u>

• Foram seleccionados dois parâmetros diferentes (carga e velocidade de deslizamento) e os seus efeitos foram observados. A perda de peso dos espécimes de desgaste foi calculada para três cargas diferentes (2 kg, 1,55 kg, 1,10 kg) a 700 rpm e três velocidades de deslizamento diferentes (650 rpm, 700 rpm e 750 rpm) a 2 kg de carga.

• As superfícies desgastadas foram cuidadosamente analisadas num microscópio eletrónico de varrimento, a fim de determinar o mecanismo de desgaste que opera nas interfaces de deslizamento.

4.1 Determinação de partículas de SiC em compósitos

Tabela 4.1: <u>Resultado da percentagem de partículas de SiC encontradas</u>

Fundição	SiC adicionado	% SiC determinada por análise química	Eficiência (%)
1	20	1	5
2	10	2.63	26.3
3	20	3	15
4	20	4	20
5	10	7	**70**
6	20	9	**45**

Do quadro acima, observa-se claramente que-

- A fundição **mais eficiente** é a Fundição **5**, mas o produto fundido com **maior teor de SiC** é a **Fundição 6**.

Todas as observações acima podem ser discutidas com base nos artigos 3.2.3 e 3.2.4 do capítulo anterior.

A partir dos artigos, é evidente que a caraterística distintiva entre a Fundição 1 e as Fundições 2 e 3 é o tratamento pré-aquecido das partículas de SiC, pelo que é evidente que o pré-aquecimento do SiC favorece a adição de SiC à matriz de alumínio.

Aqui, na Tabela 4.1, é claro que a % de SiC na Fundição 2 e na Fundição 3 é quase igual, há apenas uma ligeira diferença, enquanto o procedimento básico de fundição é o mesmo, o que pode ser discutido com a ajuda da Tabela 3.2, na qual podemos ver que o tamanho das partículas de SiC é menor no caso da Fundição 2 do que na Fundição 3, mas a temperatura e o tempo de pré-aquecimento do SiC são maiores no caso da Fundição 3. O tempo de agitação também é maior na Fundição 3, enquanto a velocidade de agitação é menor do que na Fundição 2.

Agora, a % de SiC na Fundição 4 é maior do que na Fundição 3, o que pode ser devido à técnica de agitação, uma vez que todos os outros parâmetros são os mesmos, exceto o tamanho das partículas de SiC. Assim, o aumento de SiC na Fundição 4 pode dever-se à técnica de agitação, que é apenas automática no caso da Fundição 3, mas que, no caso da Fundição 4, é tanto automática como manual, e também pode dever-se à utilização de misturadores de diferentes tamanhos de partículas de SiC (Fundição 4) em vez da utilização de partículas grosseiras (Fundição 3).

A % de SiC é maior no caso da Fundição 5 do que na Fundição 4, enquanto a técnica de agitação é a mesma em ambas as fundições, o que pode ser devido à diferença do tamanho das partículas de SiC, do tempo de pré-aquecimento do SiC, da velocidade de agitação e do tempo de agitação, que são maiores no caso da Fundição 5.

Agora, no caso do Casting 5 e do Casting 6, a % de SiC é maior no último, mas o Casting 5 é mais eficiente. A diferença entre eles é a técnica de agitação, apenas a agitação manual foi utilizada no Casting 6.

A partir das discussões acima, pode-se concluir que a adição de SiC na matriz de alumínio é favorecida por alguns parâmetros

- partículas mais pequenas de SiC

- temperatura e tempo de pré-aquecimento mais elevados das partículas de SiC

- utilizando a técnica de agitação automática e manual

- maior velocidade e tempo de agitação automática

4.2 Estudo SEM

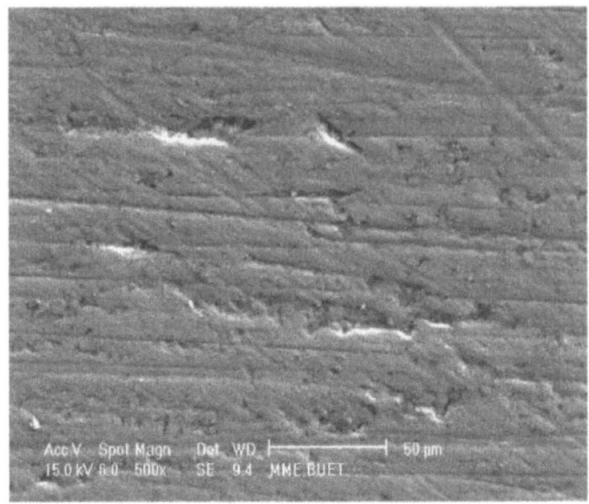

Figura 4.1: <u>Micrografia SEM da Fundição 1</u>

Para a fundição 1, vimos na figura 4.1 que a quantidade de partículas de SiC presentes no compósito é muito pequena. Esta micrografia SEM representa quase toda a fase de matriz de alumínio.

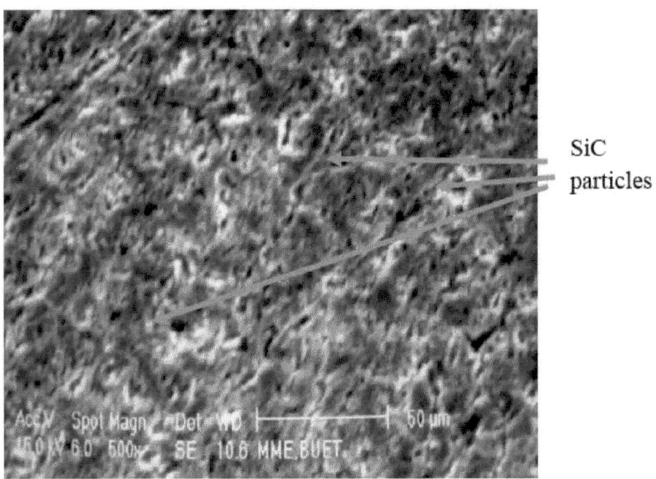

Figura 4.2: <u>Micrografia SEM da peça fundida 2</u>

A fundição 2 tem algum SiC num compósito. A Figura 4.2 mostra a micrografia de SEM, que indica também uma quantidade muito pequena de SiC de uma forma não uniforme.

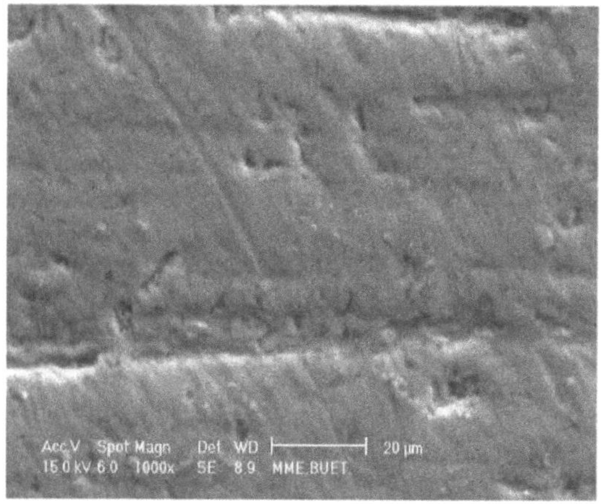

Figura 4.3: <u>Micrografia SEM da Fundição 3</u>

Na fundição 3, tentámos descobrir a distribuição uniforme do SiC numa matriz de alumínio. Mas, mais uma vez, encontrámos uma quantidade muito pequena de SiC numa matriz de alumínio, o que é mostrado na figura 4.3.

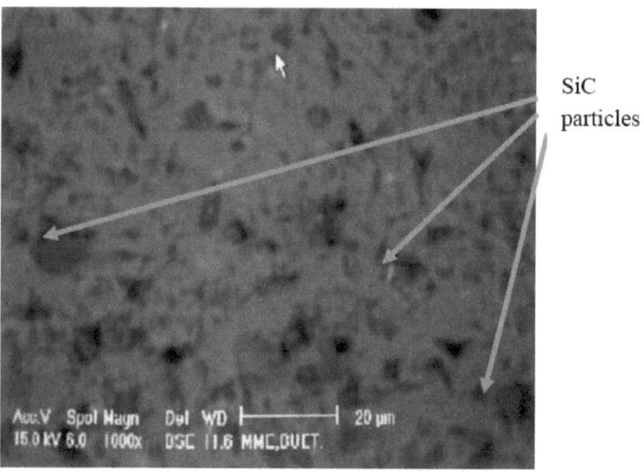

Figura 4.4: <u>Micrografia SEM da Fundição 4</u>

Aqui está um resultado da obtenção de SiC no compósito, embora distribuído aleatoriamente. A Figura 4.4 mostra algum SiC presente na matriz.

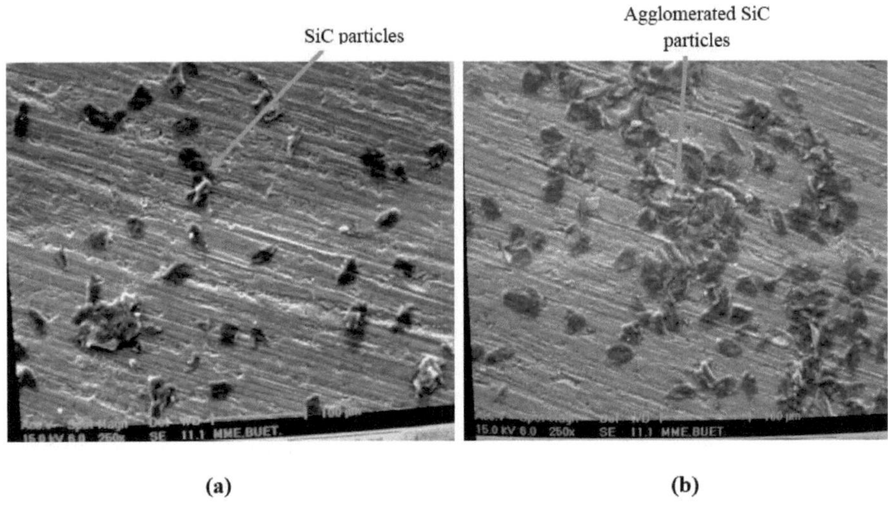

(a)   (b)

Figura 4.5: <u>Micrografia SEM da peça fundida 5</u>

A distribuição mais ou menos uniforme das partículas de SiC é mostrada na figura 4.5 (a). A aglomeração de partículas de SiC na matriz de alumínio é mostrada na figura 4.5 (b). Foi adicionado muito SiC na fundição 5.

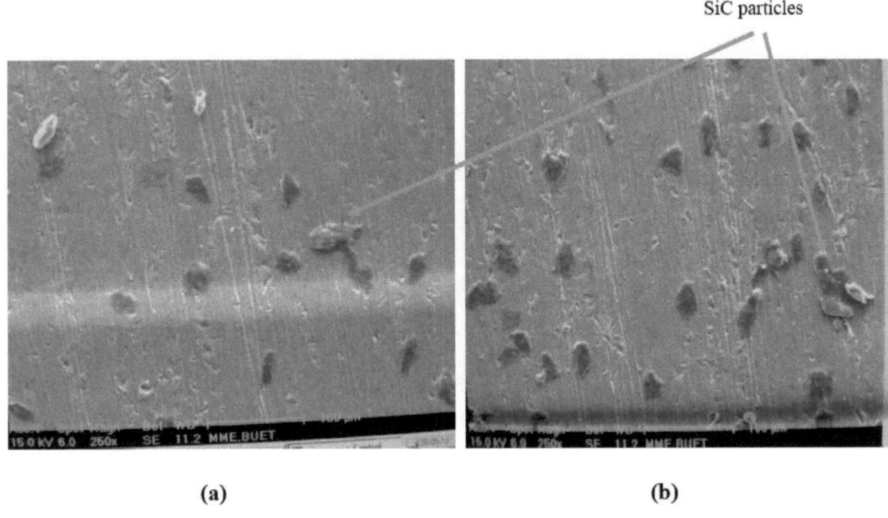

(a)   (b)

Figura 4.6: <u>Micrografia SEM da peça fundida 6</u>

Na figura 4.6 (a) podemos ver que as partículas de SiC estão distribuídas de forma mais ou menos uniforme por toda a matriz. Por outro lado, a figura 4.6 (b) indica alguns locais onde as partículas de SiC estão aglomeradas e outros uniformemente distribuídas.

4.3 Ensaio de dureza

Tabela 4.2: <u>Dados relativos à dureza do Al puro e do reforço com Al</u>

Fundição	Matriz + Reforço	Diâmetro da indentação, d_1 (mm)	Diâmetro da indentação, d_2 (mm)	Diâmetro médio da indentação, $d=(d_1+d_2)/2$ (mm)	HBN
Al puro	Al	6.20	6.12	6.16	15
Fundição 1	Al+1%SiC	6.14	6.00	6.07	15.5
Fundição 2	Al+2,63%SiC	5.70	5.66	5.68	18
Fundição 3	Al+3%SiC	5.60	5.48	5.54	19
Fundição 4	Al+4%SiC	5.45	5.37	5.41	20
Fundição 5	Al+7%SiC	5.45	5.51	5.48	19.5
Fundição 6	Al+9%SiC	5.25	5.33	5.29	21

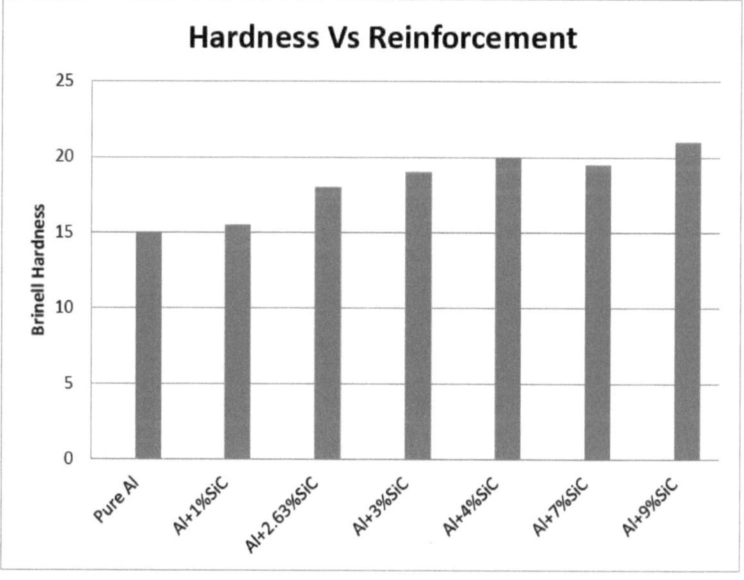

Figura 4.7: <u>Dureza da matriz de Al e dos compósitos (Al+SiC) com diferentes</u>

<u>percentagens de reforço de SiC a 500 kg de carga</u>

A dureza depende da quantidade de reforço e da distribuição dessa quantidade nas fases da matriz. A figura 4.7 indica que, à medida que a percentagem de SiC aumenta nos compósitos, a dureza aumenta. A dureza máxima é atingida no caso da adição de 9% de SiC na nossa investigação.

A dureza da fundição 4 (4%SiC) e da fundição 5 (7%SiC) é mais ou menos semelhante. A fundição 5 tem uma dureza mais baixa do que a fundição 4, o que pode dever-se à distribuição não uniforme das partículas de SiC, que é mostrada na Figura 4.5 (a) e (b). Por outro lado, a fundição 2 e a fundição 3 apresentam uma dureza ligeiramente inferior à das fundições 4 e 5. A fundição 1 indica na curva que está muito próxima da condição de alumínio puro.

Assim, para aumentar a dureza dos compósitos de matriz metálica com partículas de SiC à base de Al, a percentagem de SiC deve ser maximizada até um valor crítico.

4.4 Teste de impacto

Tabela 4.3: <u>Dados relativos à resistência ao impacto dos compósitos de matriz metálica SiC à base de alumínio a 0^0 C & 25^0 C</u>

Fundição	Compósito	Dureza de impacto a 0^0 C (Joule)	Dureza de impacto a 25^0 C (Joule)
2	Al+2,63%SiC	65	59
3	Al+3%SiC	62	44
4	Al+4%SiC	34	43
5	Al+7%SiC	35	45
6	Al+9%SiC	39	30

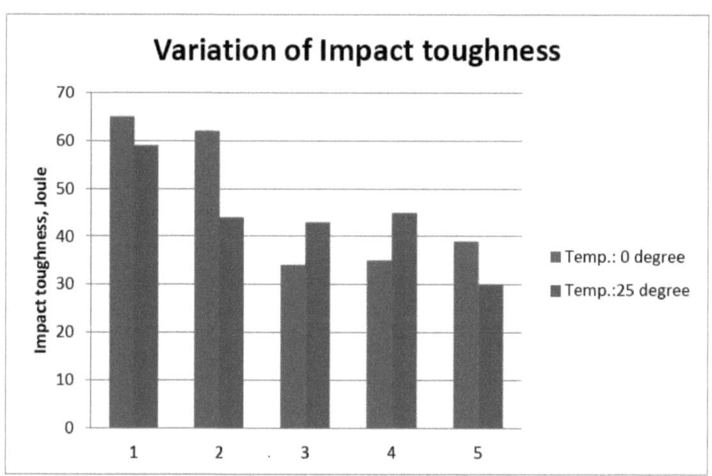

Figura 4.8: Variação da resistência ao impacto dos compósitos de matriz metálica SiC à base de alumínio a 0^0 C e 25^0 C

A Figura 4.8 mostra a variação da resistência ao impacto de diferentes peças fundidas. Aqui, a fundição 2 e a fundição 6 mostram algum desvio de tenacidade à temperatura ambiente e a temperaturas de 0^0 C. Para a fundição 2, podemos ver que, à medida que a temperatura aumenta, a resistência ao impacto do compósito diminui. Isto é semelhante no caso da fundição 3 e da fundição 6 também.

Para a peça fundida 4, verificámos que, à medida que a temperatura aumenta, a resistência ao impacto também aumenta. A fundição 5 também segue a mesma regra.

4.5 Teste de desgaste

Recolha de dados do ensaio de desgaste:

Tabela 4.4: Dados para o alumínio puro

Amostra Não.	Carga (N)	Velocidade (rpm)	Tempo, t (min)	Peso antes do desgaste, m_1 (g)	Peso após desgaste, m_2 (g)	Perda metálica, $(m_1 - m_2)/t$ (g/min)
1	19.62	750	04	1.0290	1.0226	0.0016
2	19.62	700	10	0.9120	0.8970	0.0015
3	19.62	650	10	0.9526	0.9406	0.0012

| 4 | 15.21 | 700 | 04 | 0.9678 | 0.9624 | 0.00135 |
| 5 | 10.79 | 700 | 10 | 0.9254 | 0.9124 | 0.0013 |

Tabela 4.5: Dados da Fundição 1 (Al+1% SiC)

Amostra Não.	Carga (N)	Velocidade (rpm)	Tempo, t (min)	Peso antes do desgaste, m_1 (g)	Peso após desgaste, m_2 (g)	Perda metálica, $(m_1 - m_2)/t$ (g/min)
1	19.62	750	07	0.9360	0.9269	0.0013
2	19.62	700	15	0.9687	0.9526	0.00107
3	19.62	650	10	0.9063	0.8953	0.0011
4	15.21	700	10	0.8865	0.8746	0.00119
5	10.79	700	10	0.8950	0.8831	0.00119

Tabela 4.6: Dados da fundição 2 (Al+2,63% SiC)

Amostra Não.	Carga (N)	Velocidade (rpm)	Tempo, t (min)	Peso antes do desgaste, m_1 (g)	Peso após desgaste, m_2 (g)	Perda metálica, $(m_1 - m_2)/t$ (g/min)
1	19.62	750	10	0.9258	0.9178	0.0008
2	19.62	700	10	0.8742	0.8635	0.00107
3	19.62	650	10	0.8511	0.8461	0.0005
4	15.21	700	10	0.8930	0.8841	0.00089
5	10.79	700	10	0.8990	0.8911	0.00079

Tabela 4.7: Dados para a fundição 3 (Al+3% SiC)

Amostra Não.	Carga (N)	Velocidade (rpm)	Tempo, t (min)	Peso antes do desgaste, m_1 (g)	Peso após desgaste, m_2 (g)	Perda metálica, $(m_1 - m_2)/t$ (g/min)
1	19.62	750	10	0.9229	0.9154	0.00075
2	19.62	700	10	0.8882	0.8828	0.00054
3	19.62	650	10	0.9452	0.9408	0.00044

| 4 | 15.21 | 700 | 10 | 0.9018 | 0.8979 | 0.00039 |
| 5 | 10.79 | 700 | 10 | 0.8563 | 0.8509 | 0.00054 |

Tabela 4.8: Dados da fundição 4 (Al+4% SiC)

Amostra Não.	Carga (N)	Velocidade (rpm)	Tempo, t (min)	Peso antes do desgaste, m_1 (g)	Peso após desgaste, m_2 (g)	Perda metálica, $(m_1 - m_2)/t$ (g/min)
1	19.62	750	10	0.8503	0.8432	0.00071
2	19.62	700	10	0.8866	0.8837	0.00029
3	19.62	650	10	0.9768	0.9732	0.00036
4	15.21	700	10	0.9483	0.9434	0.00049
5	10.79	700	10	0.8223	0.8216	0.00007

Tabela 4.9: Dados para a fundição 5 (Al+7% SiC)

Amostra Não.	Carga (N)	Velocidade (rpm)	Tempo, t (min)	Peso antes do desgaste, m_1 (g)	Peso após desgaste, m_2 (g)	Perda metálica, $(m_1 - m_2)/t$ (g/min)
1	19.62	750	10	0.8472	0.8405	0.00067
2	19.62	700	10	0.9811	0.9771	0.0004
3	19.62	650	10	0.9320	0.9288	0.00032
4	15.21	700	10	0.9204	0.9167	0.00037
5	10.79	700	10	0.9812	0.9777	0.00035

Tabela 4.10: Dados para a fundição 6 (Al+9% SiC)

Amostra Não.	Carga (N)	Velocidade (rpm)	Tempo, t (min)	Peso antes do desgaste, m_1 (g)	Peso após desgaste, m_2 (g)	Perda metálica, $(m_1 - m_2)/t$ (g/min)
1	19.62	750	10	0.8618	0.8592	0.00026
2	19.62	700	10	0.8963	0.8943	0.0002
3	19.62	650	10	0.8356	0.8345	0.00011
4	15.21	700	10	0.9540	0.9527	0.00013

| 5 | 10.79 | 700 | 10 | 0.8954 | 0.8937 | 0.00017 |

4.5.1 Efeito da carga na taxa de desgaste a uma velocidade constante

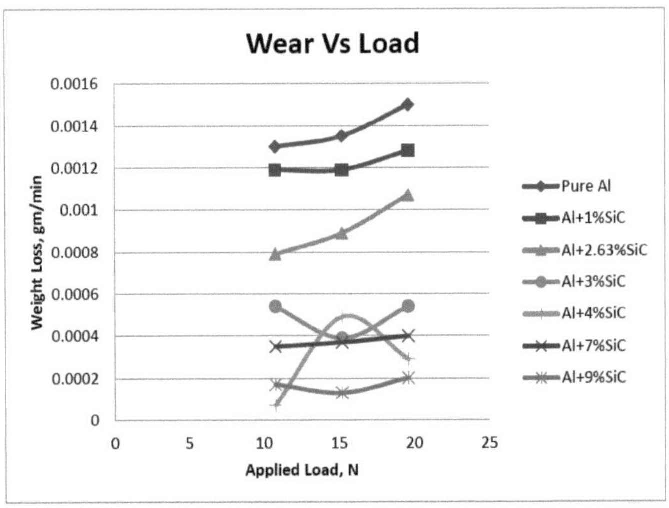

Figura 4.9: Efeito da carga (10,79 N, 15,21 N e 19,62 N) no Al puro e reforçado com partículas de SiC a uma velocidade constante de 700 rpm

A partir da figura 4.9, podemos facilmente dizer que o alumínio puro tem a maior taxa de desgaste entre os outros. À medida que a percentagem de partículas de SiC aumenta nas fases da matriz de Al, a taxa de desgaste também diminui. O compósito com 1% de adição de partículas de SiC apresenta uma natureza aproximadamente igual à do Al puro, mas a taxa de desgaste é ligeiramente inferior à anterior. Por outro lado, a adição de 9% de partículas de SiC ao compósito apresenta a taxa de desgaste mais baixa nos ensaios de desgaste.

A uma velocidade constante, à medida que a carga da amostra no disco aumenta, a perda de peso também aumenta de forma correspondente. Devido à área de contacto desenvolvida à medida que a carga aumenta, a interface de deslizamento também aumenta. A deformação plástica ocorre em caso de carga mais elevada porque, com esta carga, devido ao atrito, gera-se uma temperatura elevada.

Foi investigada alguma variação na curva. Por exemplo, para a fundição 3 (3% SiC) e a fundição 5 (7% SiC) com uma carga de 15,21 N é quase a mesma. Isto deve-se à distribuição das partículas de SiC na matriz de Al. A distribuição da partícula não é homogénea na fase da matriz, razão pela qual ocorre um desvio da curva em relação ao comportamento normal.

A escolha inadequada do elenco e a agitação também podem ser responsáveis pela variação.

4.5.2 Efeito da velocidade na taxa de desgaste a carga constante

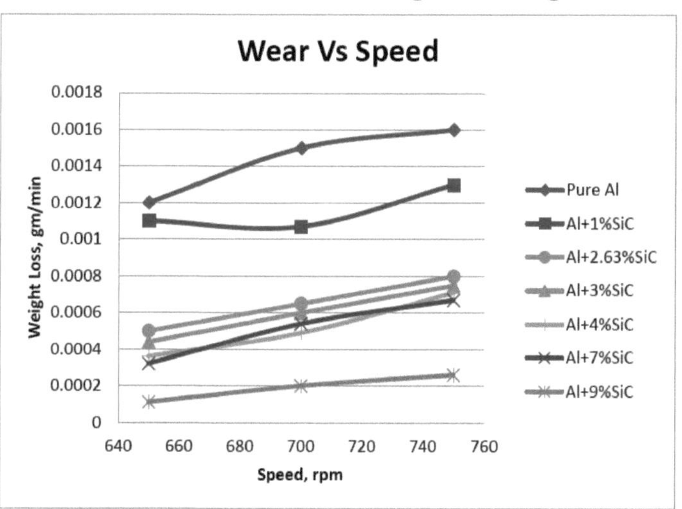

Figura 4.10: Efeito da velocidade (rpm 650, 700 e 750) no Al puro e reforçado com partículas de SiC a uma carga constante de 19,62 N

Normalmente, à medida que a velocidade de deslizamento aumenta, a perda de peso da amostra também aumenta. A partir da nossa investigação, traçámos os dados de desgaste versus velocidade e encontrámos a figura acima. Na fig. 4.10, o Al puro mostra a perda máxima de desgaste e o Al+9% SiC mostra a menor perda de peso no ensaio de desgaste.

Como se pode ver na figura 4.10, quando a velocidade aumenta, a perda de peso também aumenta como um declive de uma linha reta. A adição de 2,63%-7% de SiC na matriz de Al mostra um pequeno intervalo de perda de peso entre eles. Assim, podemos dizer que não há grande melhoria da propriedade de resistência ao desgaste. Quase as mesmas propriedades de resistência ao desgaste são mostradas nestes casos.

A propriedade de resistência ao desgaste do Al-9% SiC foi boa. Neste caso, a perda de peso não se altera muito, embora a velocidade do ensaio aumente.

4.5.3 Efeito do reforço de partículas de SiC na taxa de desgaste a carga constante e velocidade constante

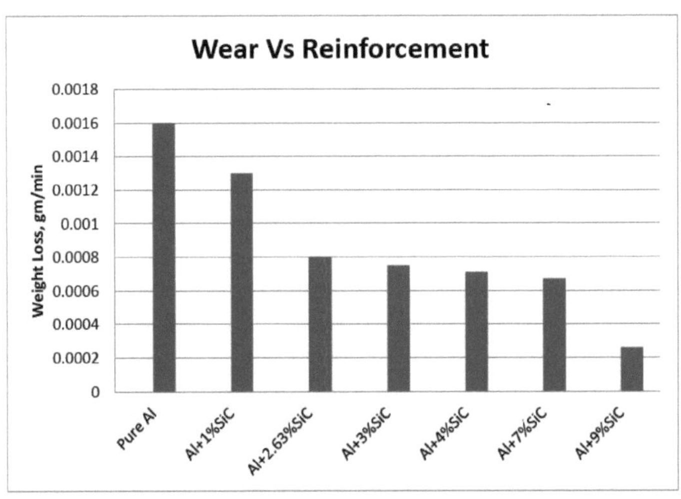

Figura 4.11: <u>Perda de peso da matriz de Al e dos compósitos (Al+SiC) com diferentes reforços a uma carga de 19,62 N e a uma velocidade de 750 rpm</u>

O efeito do reforço também é investigado na nossa investigação. Um reforço mais elevado diminui a perda de peso da amostra, tendo assim uma boa propriedade de resistência ao desgaste. Porque as partículas de SiC têm a fase dura para resistir ao deslizamento do desgaste.

A perda de peso máxima ocorre na baixa percentagem de SiC e a perda de peso mínima ocorre na alta percentagem de partículas de SiC. Assim, o grande desafio para aumentar a resistência ao desgaste é homogeneizar a partícula e uniformizar a partícula. Na figura 4.11, a adição de 9% de SiC resulta na menor perda de peso. Neste caso, a propriedade de resistência ao desgaste do compósito é muito boa.

4.5.4 Micrografia da superfície desgastada após o ensaio de desgaste

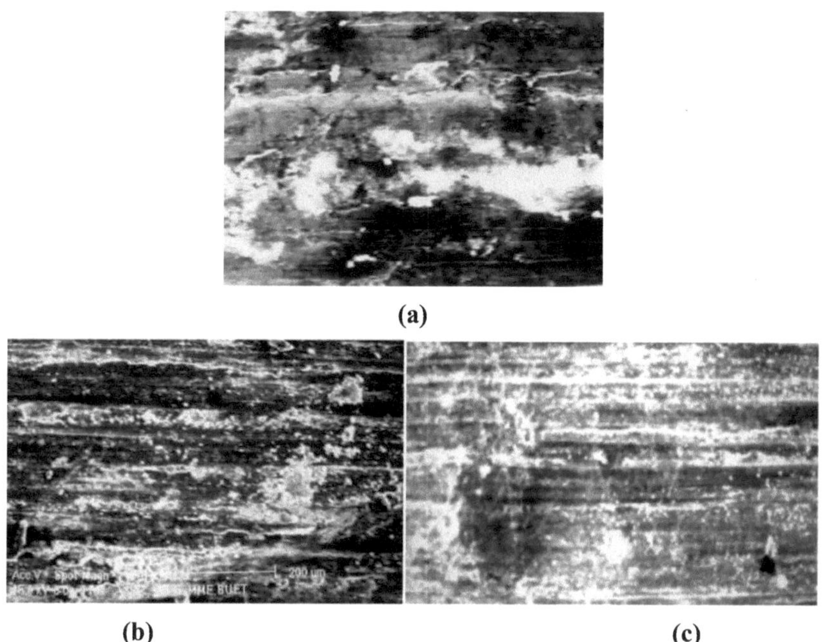

(a)

(b)   **(c)**

Figura 4.12: <u>Micrografia SEM da superfície desgastada do compósito Al-SiC (com Al+7%SiC) a uma velocidade de deslizamento de 700 rpm e carga de (a) 19,62 N (b) 15,21 N (c) 10,79 N</u>

Com uma carga mais elevada, forma-se uma ranhura de grande profundidade, condição semelhante à da figura 4.12 (a). Após o deslizamento asperezas-asperezas, o contacto asperezas-plano progride. Foi observada uma enorme perda de metal com cargas mais elevadas. As cargas elevadas criam deformações plásticas devido ao elevado teor de calor criado pelo atrito.

Na figura 4.12 (b) podemos ver que a lavra paralela e alguma perda de massa entre a linha paralela. Formou-se uma pequena ranhura. Isto deve-se ao facto de ser aplicada uma carga relativamente baixa. Isto é semelhante ao mecanismo de desgaste por abrasão.

A terceira na figura 4.12 (c) também mostra alguma lavoura paralela, mas esta é relativamente mais suave.

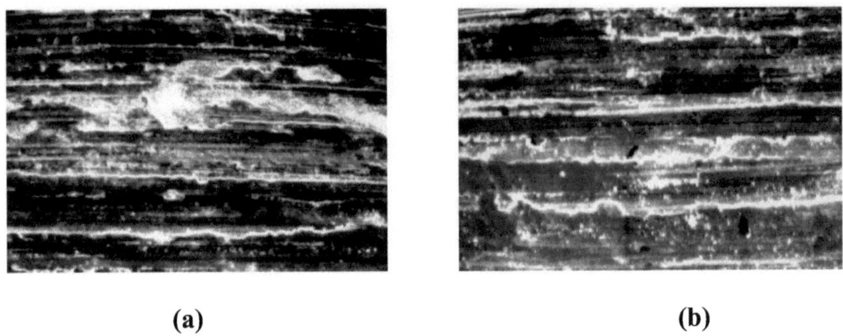

(a)   **(b)**

Figura 4.13: <u>Micrografia SEM da superfície desgastada do compósito Al-SiC (com Al+7%SiC) a uma carga de 19,62 N e velocidade em rpm (a) 750 (b) 650</u>

Quando a carga é fixa, mas as rotações são alteradas, as perdas metálicas são maiores nas rotações mais elevadas. Esta afirmação também é comprovada pela micrografia SEM dos compósitos. Na nossa investigação, também descobrimos que, a uma velocidade mais elevada, ocorre uma grande quantidade de lavagens, o que é mostrado na figura 4.13 (a).

A uma velocidade inferior, as partículas mais duras resistirão à lavra. Na figura 4.13 (b), há uma lavra paralela e estão presentes alguns vazios. Esta pode ser a razão da delaminação do desgaste.

5.1 Conclusões

A nossa investigação baseia-se em compósitos de matriz metálica de alumínio onde a matriz de alumínio é reforçada com partículas de cerâmica dura como o SiC. A técnica de produção utilizada para este efeito é a fundição convencional por agitação. O nosso principal objetivo é descobrir a forma de obter uma distribuição melhor e mais homogénea das partículas de SiC na matriz de alumínio puro que, quando fundida, é condicionada. São utilizados diferentes parâmetros para controlar o processo e analisar a composição das partículas de SiC misturadas. A distribuição é verificada com a ajuda da micrografia SEM. Como a percentagem de SiC presente na matriz é baixa e a distribuição das partículas não é boa ou homogénea, o processo de fundição prossegue alterando parâmetros como o agitador, a velocidade de agitação, a temperatura e o tempo de pré-aquecimento, etc. Investigámos que o SiC pré-aquecido apresenta melhores propriedades de mistura do que o não pré-aquecido. Na nossa investigação, conseguimos adicionar 9% de partículas de SiC à matriz de alumínio. Para além disso, a distribuição das partículas é também mais ou menos uniforme neste caso. A resistência ao desgaste dos compósitos é uma propriedade mecânica importante. Isto também foi efectuado por uma máquina de ensaio de desgaste com um disco de ferro fundido. Verificámos que a resistência ao desgaste aumenta com a adição de partículas de SiC. A superfície desgastada da amostra testada é examinada em SEM. Também realizámos ensaios de dureza e resistência ao impacto dos compósitos.

Para obter uma melhor distribuição das partículas de SiC nos compósitos, pode-se aumentar o tempo de agitação, a temperatura de pré-aquecimento e o tempo das partículas de SiC. Também se pode utilizar uma liga em vez de alumínio puro. A adição de outras partículas cerâmicas como AhOs, TiB2, etc. e a produção de um híbrido pode melhorar a propriedade desejada.

5.2 Recomendações

Alguns dos parâmetros que vale a pena investigar:

• Estudo mais aprofundado do efeito da velocidade de agitação, do tempo de agitação e do ângulo do impulsor de mistura na homogeneidade e nas propriedades mecânicas do MMC através de mais alterações nos parâmetros de fundição.

• Pode ser estudado o efeito da adição de desgaseificadores nas propriedades mecânicas do MMC.

• O efeito da adição de mais do que um aditivo nas propriedades mecânicas do MMC.

• Estudar o efeito da aplicação do processo de deformação plástica secundária nas propriedades mecânicas.

[1] S.J. HARRIS, Materials Science and Technology, "Cast metal matrix composites", 1988, vol. 4, pp 231-239

[2] Young-Hwan KIm, Sunghak Lee e Nack J. Kim, "Fracture Mechanisms of a 2124 Aluminum Matrix Composite Reinforced with SiC Whiskers", Metallurgical and Materials Transactions A 1991, Vol23A, 2589-2596

[3] B.R. Henriksen, T.E. Johnsen, Materials Science and Technology, "Influence of microstructure of fiber/matrix interface on mechanical properties of Al/SiC composites", 1990, vol. 6, pp 857-863

[4] Y.H. KIm, C.S. Lee e K.S. Han; "Fabrication and Mechanical Properties of Aluminum Matrix Composite Materials", Journal of Composite Materials 1992, Vol.26, pp 1062-1086

[5] T.S. Srivatsan, I.A. Ibrahim, F.A. Mohamed, E.J. Lavernia, "Processing techniques for particulate-reinforced metal aluminum matrix composites", Journal of Materials Science, 1991, vol. 26, pp 5965-5978

[6] P.A. Karnezis, G. Durrant e B. Cantor, "Characterization of reinforcement distribution in cast Al-alloy/SiCp composites", Materials Characterization, 1998, vol 40, pp 97-109

[7] Kon Bae Lee e Hoon Kwon, "Strength of Al-Zn-Mg-Cu Matrix Composite Reinforced with SiC Particles", Metallurgical and Materials Transactions A Vol. 33A, fevereiro de 2002 pp 455-465

[8] X. Xia, H.J. McQueen, H. Zhu, "Fracture Behavior of Particle Reinforced Metal Matrix Composites", Applied Composite Materials, 2002, pp.17-31

[9] J.E. Schoutens e D.A. Zarate, "Structural indices in design optimization with metal-matrix composites", Composites, 1986, vol17, pp 188-204

[10] A. McLean, H. Soda, Q. XIa, A.K. ParamanIck, A. Ohno, T. Shimizu, S.A. Gedeon e T. North; "SiC Particulate-reinforced, Aluminum-Matrix Composite Rods

and Wires Produced by a New Continuous Casting Route", Composites Part A 1996, Vol. 28, pp. 153-162

[11] L. Geng, C.K. Yao, "SiC-Al interface bonding mechanism in a squeeze casting SiC/Al composite", Journal of Materials Science Letters, 1995, vol. 14, pp 606-608

[12] M.I. Pech-Canul, R.N. Katz, M.M. Makhlouf, "Optimum Parameters for Wetting Silicon Carbide by Aluminum Alloys", Metallurgical and Materials Transactions A, vol.

31 A, fevereiro de 2000, pp. 565-573

[13] B. Wang, G.M. Janowski e B.R. Patterson, "SiC Particle Cracking in Powder Metallurgy Processed Aluminum Matrix Composite Materials", Metallurgical and Materials Transactions A 1995, vol.26 (9), pp 2457-2467

[14] P.A. Karnezis, G. Durrant, B. Cantor, Materials Science and Technology, "Microstructure and tensile properties of squeeze cast SiC particulate reinforced Al-7Si alloy", 1998, vol. 14, pp 97-107

[15] S. Skolianos, Griourtsidis, Thomas, Xatzifotiou, Materials Science and Engineering, "Effect of applied pressure on the microstructure and mechanical properties of squeeze-cast aluminum AA6061 alloy", 1997, vol231A, pp 17-24

[16] W. Zhou, Z. M. Xu, Escola de Engenharia Mecânica e de Produção, Universidade Tecnológica de Nan yang, "Casting of SiC Reinforced Metal Matrix Composites", 1997, vol. 63, pp 358-363

[17] Manoj Singla, D. Deepak Dwivedi, Lakhvir Singh, Vikas Chawla, Minerals & Materials Characterization & Engineering, "Development of Aluminum Based Silicon Carbide Particulate Metal Matrix Composite", 2009, Vol. 8, pp 455-467

[18] M. Ramachandra e K. Radhakrishna, Departamento de Engenharia de Fabrico, Faculdade de Engenharia BMS, "Desgaste por deslizamento, desgaste erosivo por lama e desgaste corrosivo do compósito de alumínio/SiC", 2006, vol. 24

[19] Meyers Marc A, Chawla Krishan Kumar, "Mechanical Behaviors of Materials", Prentice Hall, 1998, ISBN 978-0-13-262817-4

[20] Mathurt KK, Needleman A, Tvergaard V, "3D analysis of failure modes in the Charpy impact test", Modeling and Simulation in Materials Science Engineering 2 (3A): 617-35, maio de 1994, Bibcode 1994MSMSE...2..617M doi:10.1088/0965-0393/2/3A/014)

[21] ASTM A370 Métodos de ensaio normalizados e definições para ensaios mecânicos de produtos de aço

[22] EN 10045-1 Ensaio de impacto Charpy em materiais metálicos. Método de ensaio (entalhes em V e U)

[23] ISO 148-1 Materiais metálicos - Ensaio de impacto pendular Charpy - Parte 1: Método de ensaio

[24] Reimer, L. (1998) Scanning electron microscopy: physics of image formation and microanalysis. Springer, 527 p.

More
Books!

OMNIScriptum

Printed by Books on Demand GmbH, Norderstedt / Germany